JN183045

せまりくる「天災」とどう向きあうか

京都大学教授
鎌田浩毅 監修・著

ミネルヴァ書房

1000年に一度の「天災期」がはじまった

天災を知り
天災と向きあう
日本列島に生きるために

2030年代には
さらに大きな津波が
西日本を襲います

■ 日本列島の宿命

　日本列島では地震と火山の噴火が頻繁に発生しています。また異常気象による風水害も多発し、これまで見たこともなかった状況に対して多くの人が不安にかられています。

　地震・火山・気象は私が専門とする地球科学の現象であり、いずれも地球のダイナミックな活動がもたらす典型的な自然災害、つまり「天災」です。これまで40年ほど研究をつづけてきたなかでも、私は昨今にみられる災害の規模と多様性に驚いています。それは、日本列島がある事件をきっかけに大きく変化したことと関係するのです。

　その事件とは、2011年3月11日に東北

● **東日本大震災で宮城県気仙沼港を襲った津波** 2011年3月11日
（写真提供：東日本大震災文庫・宮城県）

沖で発生した巨大地震、すなわち東北地方太平洋沖地震です。この地震は多数の犠牲者と被害を生じたため、国によって「東日本大震災」と命名されました。また、発生した日付から「3・11」とよばれることもある激甚災害です。

この直後から日本列島ではいたるところで地震が起きはじめ、さらに御嶽山（おんたけさん）や口永良部島（くちのえらぶじま）など噴火災害が発生した活火山もあります。これらは地球科学的には、東日本大震災によって誘発された変動のひとつ、と読み解くこともできるのです。

地球科学には「過去は未来を解く鍵」という名言があります。つまり、歴史を振り返ると、過去に起きた現象からたくさんの有益な情報が得られることを意味します。そして現在の状態を正しく理解し、さらに未来を予測することまでが可能となるのです。

この結果、現在の不安定な状況は、9世紀の日本列島とよく似ていることに気づきます。すなわち、約1100年前の平安時代の日本では、地震と噴火がとくに多かったという記録が数多く残っているのです。そして、「3･11」のもたらした事件は、9世紀以来という1000年ぶりの「大地変動の時代」がはじまったことを意味します。言い換えれば、今後せまりくる「天災」とどう向きあうかが、日本人の全員にとって重要なテーマとなってしまったのです。

こうした状況を受けて、本書は地球科学

火山列島日本。
全国の活火山が
活動期に入っています
内陸型の直下地震は
いつどこで起きても
おかしくありません

● 阪神・淡路大震災で崩落した神戸市兵庫区のビル　1995年1月（写真提供：神戸市）

● 噴火する九州南部の霧島山（新燃岳）2011年1月（写真提供：フォトライブラリー）

の最新知見をもとに、地球内部の姿と日本列島の現状、自然災害が起こるしくみをビジュアルに解説するとともに、せまりくる「天災」を具体的に予測し、どう対処するか、その方法を考えます。

■ かけがえのない命を守る

「大地変動の時代」に突入した日本列島で、かけがえのない命を守るにはどうしたらよいのでしょうか。最初に「天災」のなりたちについて考えてみましょう。

たとえば、火山の噴火は、人が遭遇した時には災害となりますが、もし誰もいないところで起きれば災害にはなりません。つまり、噴火は自然が起こす「現象」ですが、人間社会を基準にした時には「災害」が発生します。ここではじめて「天災」という言葉で語られるのです。

よって、命を守るためには、人間がこうした自然現象に遭わないようにすればよいのです。ここで「科学」が登場します。私の仕事である火山学は、このために発展した学問です。

たとえば、火山の地下の状態を観測することによって、噴火が起きる前に噴火を察知します。これは「噴火予知」とよばれる科学ですが、噴火の冒頭を事前に知ることで、火山近くに住む人々に安全に避難していただきたいと、私たち火山学者は研究に没頭しているのです。

● **鬼怒川の堤防決壊で濁流にのまれる家と救助活動**　茨城県常総市 2015年9月10日
（写真提供：毎日フォトバンク）

自然をコントロールすることは不可能です。よって、噴火を止めることはできませんが、噴火がもたらす災害を「科学」の力で軽減することは可能なのです。そして科学には「予測と制御」という重要な側面があります。たとえば、過去の震災について書かれた古文書や、地質堆積物として地層中に残された巨大津波などの痕跡から、今後起こりうる災害の規模と時期を推定します。

そして予測されたことから未来に向かって、災害が起こらないように制御を行うのも科学と技術の力です。つまり、噴火中の火山から、火山学の知識を活用して上手に逃げればよいのです。こうして時には科学の力を借りながら、「大地変動の時代」の日本列島と上手につきあっていただきたいと私は願っています。

■ 日本列島に生きる

世界屈指の変動地域にある日本では、地面がゆれ、火山が噴火し、台風がやってくるのはあたりまえの「現象」なのです。そして巨視的にみると、日本人にはこうした「天災」に対処する能力があるのだと思います。

日本では変化すること自体が「常態」になっています。おそらく日本列島で10万年以上もまれつつ適応した結果、私たちはある種の「しなやかさ」を身につけてきたともいえるでしょう。このしなやかさを維持するために、本書の知恵と知識が役に立つのです。

今後も数十年もの長い間、日本列島では地震・火山・気象に関する災害が続出することはまちがいないでしょう。一方で、噴火と噴火の合間には、風光明媚（めいび）な風景や温泉などの「火山の恵み」を享受できることも、忘れてはなりません。こうした関係は、地震災害や気象災害についてもいえます。すなわち、災害と恵みは表裏一体なのです。

ここで「3・11」以後の大地変動をプラスにとらえ、科学の力を使って生き延びることを考えます。すなわち、「減災」をめざす知恵が、日本列島で安全にくらすためには必須のものとなります。イギリスの哲学者フランシス・ベーコンは「知識は力なり」といいました。「大地変動の時代」を迎えた日本人が正しい地球科学の知識をもち、人間の力をはるかに超える自然現象と上手につきあってほしいと願っています。

平成27年11月

京都大学教授
鎌田 浩毅

せまりくる「天災」とどう向きあうか

目次

第2章 地震と津波にそなえる

第3章 火山噴火にそなえる

第 1 章

地球と日本列島のなりたち

地球はこうして生まれた

■ 太陽系の誕生

私たちがすむ地球は、どのようにして生まれたのでしょうか。まずは太陽系のなりたちからみてみましょう。

太陽系の材料は、宇宙にただようガスと氷や岩石のちりです。このガスとちりは、かつて存在していた、太陽のように自ら光を発する恒星（こうせい）の残骸だといわれています。

今から46億年前、このガスとちりが集まり、ぐるぐると渦を巻きはじめました。やがて、中心に大きな塊ができて光を放ちはじめ、原始太陽が誕生しました。

残ったガスとちりは、太陽の周囲をまわりながら集まり、直径数kmほどの無数の微惑星（びわくせい）になりました。これらの微惑星たちは、互いの引力で引かれあって衝突と合体を繰り返し、どんどんと大きくなり、やがて惑星になりました。

ガスとちりが集まりはじめてから、およそ1000万年かけて太陽系ができたといわれています。（下の左の図）

■ 惑星の３つのグループ

太陽系には８つの惑星がありますが、太陽からの距離によってその組成が異なっていて、３つのグループに分けることができます。

太陽から近い場所では、ガスは太陽のエネルギーでほとんど吹き飛ばされ、主に岩石を主体

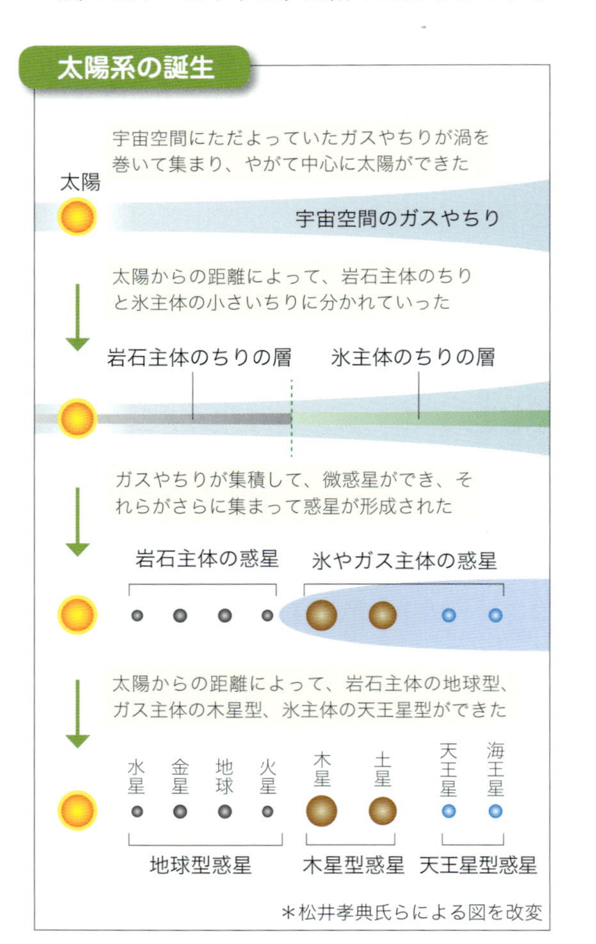

＊松井孝典氏らによる図を改変

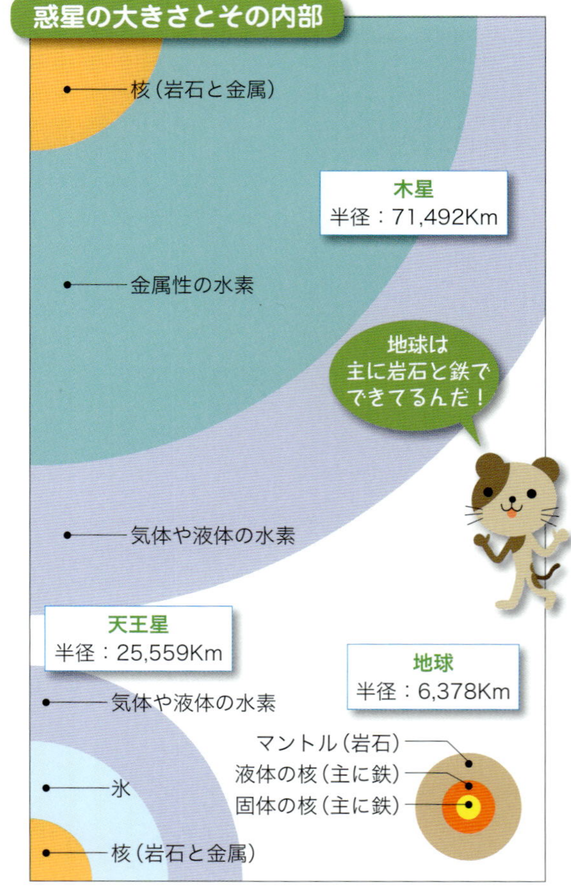

とした、「地球型惑星」が生まれました。

その外側では、岩石と金属を核にして、周囲のガスを引きつけた巨大なガスの惑星、「木星型惑星」が生まれました。

さらに太陽から遠いところでは、巨大な木星や土星に多くのガスをとられてしまったため、岩石と金属を核にした氷の惑星、「天王星型惑星」が生まれました。(下の中央の図)

■ 地球の歴史

生まれたばかりの地球には、微惑星がさかんに降り注いでいました。衝突の莫大(ばくだい)なエネルギーで地表は1000℃以上となり、まるで火の玉のように燃えるどろどろに溶けたマグマの海(マグマ・オーシャン)となっていました。

マグマ・オーシャンは、何億年もかけてゆっくりと冷えていきました。同時に、マグマに含まれていた密度の高い鉄やニッケルが内部に沈んでいき、地球の核が形成されました。

さらに地球が冷えてくると、大気に含まれていた水蒸気が雨となって地表に降り注ぎ、地表をかため、海をつくりました。およそ40億年前のことです。

海の形成は生命の誕生をうながしました。最初の生命が生まれたのは、38億年ほど前のことです。そして、およそ32億年前に光合成をする生物が誕生し、地球の大気に酸素が含まれるようになりました。こうして、私たちが生存できる環境が整えられていったのです。(左図)

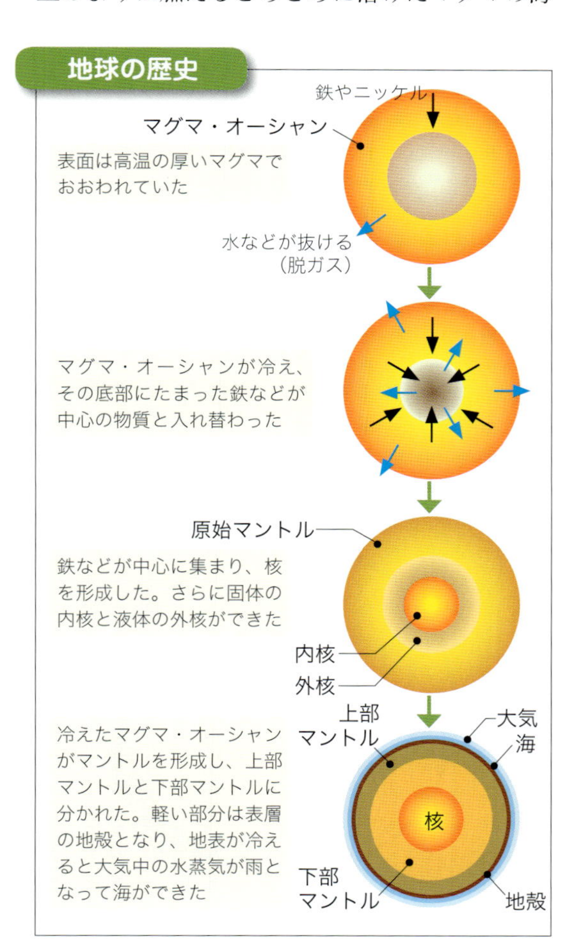

月はこうしてできた

45億年ほど前、地球に火星ほどの大きさの天体が激突しました。その衝撃で飛び散ったたくさんのかけらが集まって月ができたといわれています。これをジャイアント・インパクト説といいます。

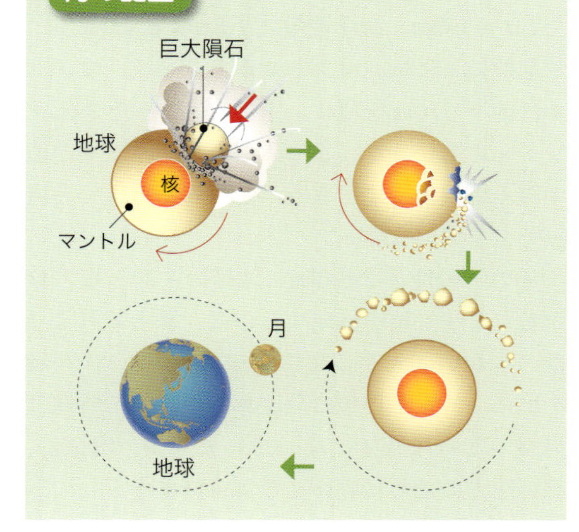

地球の内部はこうなっている

■ 地球内部の構造

では、地球の内部を見てみましょう。地球の内部は、表面の軽い物質の層から、中心の重い物質の層へと、いくつかの層が重なっています。

地表は地球の殻(から)にあたるので地殻(ちかく)といいます。主に玄武岩(げんぶがん)や花崗岩(かこうがん)という、マグマが地表近くで固まってできた岩石で形成されています。大陸と海では地殻の厚さが違い、大陸地殻で50～60km、海洋地殻で10kmほどです。

地殻の下には、マントルがあります。マントルは地下670kmを境に、上部マントルと下部マントルに分かれています。ともに、マグマが地中深くで固まってできた、かんらん岩という岩石でできています。

その下の地下2900kmに地球の中心となる核があります。核を構成するのは、鉄とそれより量の少ないニッケルです。核は、地下5100kmを境に、外核と内核に分かれています。外核は高温のために液体になっていますが、内核は、高い圧力のために固体になっています。

■ リソスフェアとアセノスフェア

今説明した、地殻・マントル・核という区分は、物質の違いに着目して地球の内部構造をとらえたものです。一方、かたさの違いに着目すると、次のように区分できます。

地殻と上部マントルの最上部はかたい岩板です。この2つの部分を合わせて、プレートといいます（右図のⓐ）。地球の表面は厚さ100kmほどのプレートに覆われています。プレートの部分は、リソスフェアともいいます。

プレートの下にはやわらかい層があります。これはアセノスフェアといいます（右図のⓑ）。この部分のマントルは、いわば溶けたキャラメルのように、流動性があり、長い時間をかけてゆっくりと動くことができるのです。プレートは、このやわらかくて流動性のあるマントルにのってゆっくりと動いています。これが次のページで説明する、プレートテクトニクスです。

やわらかい部分の下には、少しかたい部分（右図のⓒ）が核までつづいています。

地震で内部を探る

私たちは地球内部の構造を直接見ることはできません。そこで使われるのが地震波(じしんは)です。地震波には、S波（横波）とP波（縦波）の2種類があります。S波は液体を伝わることはできませんが、P派は、遅い速度で伝わることができます。また、地震波は異なる物質の境界で、反射したり屈折したりします。このことにより、シャドーゾーンとよばれる地震波が伝わらない地域もできます。

こうした地震波の伝わり方を観測することで、地球の中心には液体の外核と固体の内核があることがわかったのです。

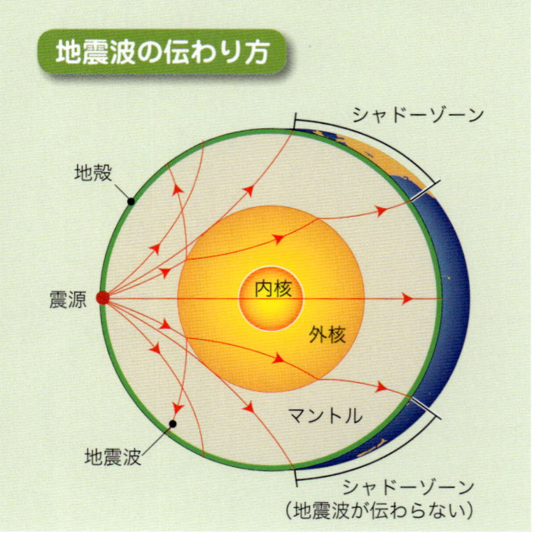

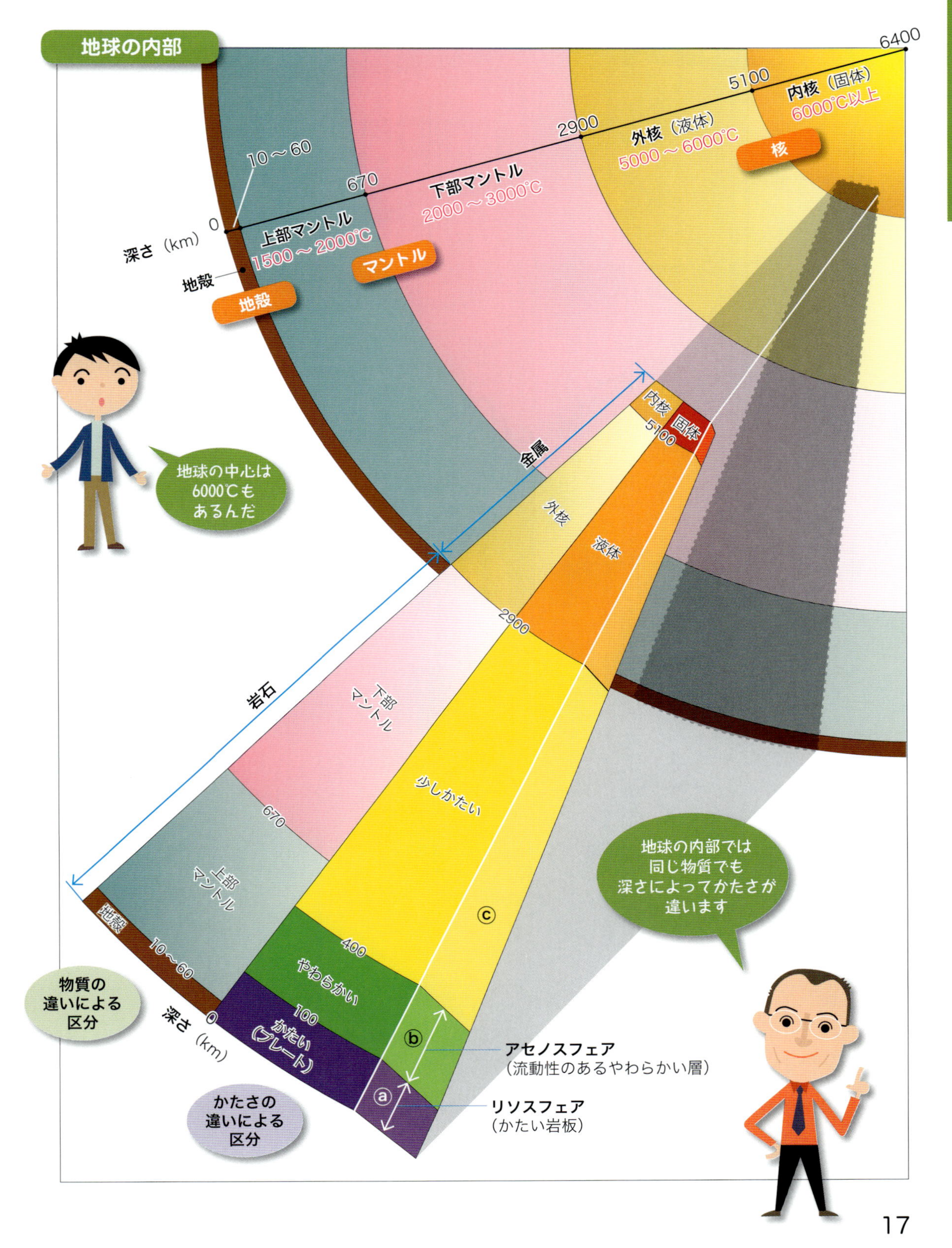
地球の内部
6400
5100
内核（固体）
6000℃以上
2900
外核（液体）
5000～6000℃
核
10～60
670
下部マントル
2000～3000℃
0
深さ（km）
上部マントル
1500～2000℃
マントル
地殻
地殻
地球の中心は
6000℃も
あるんだ
内核
固体
5100
金属
外核
液体
2900
岩石
下部
マントル
少しかたい
670
上部
マントル
地殻
10～60
ⓒ
400
やわらかい
100
かたい
（プレート）
0
深さ（km）
ⓑ
ⓐ
地球の内部では
同じ物質でも
深さによってかたさが
違います
アセノスフェア
（流動性のあるやわらかい層）
リソスフェア
（かたい岩板）
物質の
違いによる
区分
かたさの
違いによる
区分

大陸は動きつづけている

■ プレートの分布と動き

地球上に大陸が生まれて以来、大陸は同じ場所にとどまらず、ずっと動きつづけています。そのしくみを説明するのが、プレートテクトニクスです。

上の地図を見てください。地球の表面は、十数枚のプレートで覆われています。大陸をのせているものを大陸プレート、海だけをのせているものを海洋プレートといいます。プレートは

大陸はどう動いてきたか

地球上では数億年ごとに、すべての大陸がひとつに集まる超大陸の形成と分裂を繰り返しています。２億 5000 万年前には、パンゲアという超大陸が形成されました。パンゲアは、２億年前ごろに分裂を始め、長い時間をかけて、現在の大陸の形になりました。

大陸の移動

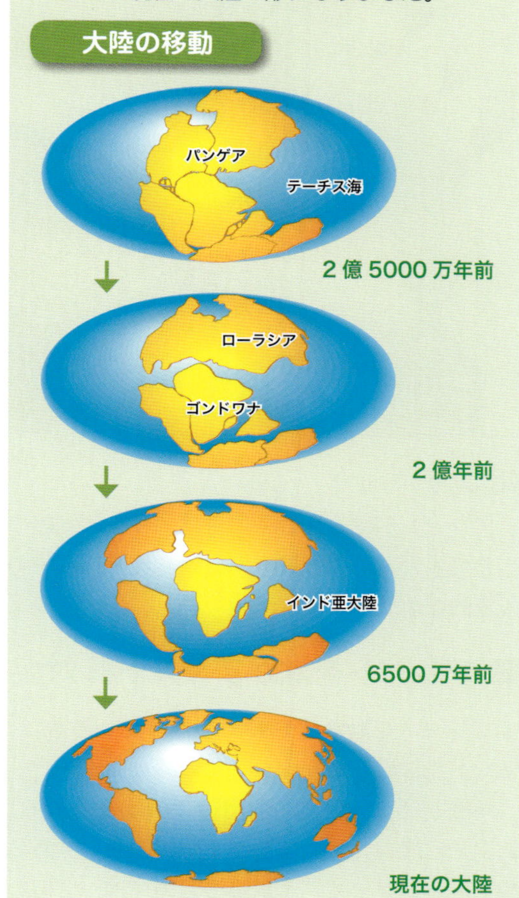

それぞれ１年に数cmの速さで矢印の方向に移動しています。プレートにのった大陸も一緒に移動しています。

プレートは、海底にある中央海嶺（かいれい）という長い海底山脈で生まれます。ここでは、地球内部からマグマが湧き上がっていて、それが冷え固まることでプレートが生まれます。次々と新しいプレートが生まれて、左右に広がりながらベルトコンベアのように動いていきます。そして沈み込み帯という場所で、別のプレートの下に沈

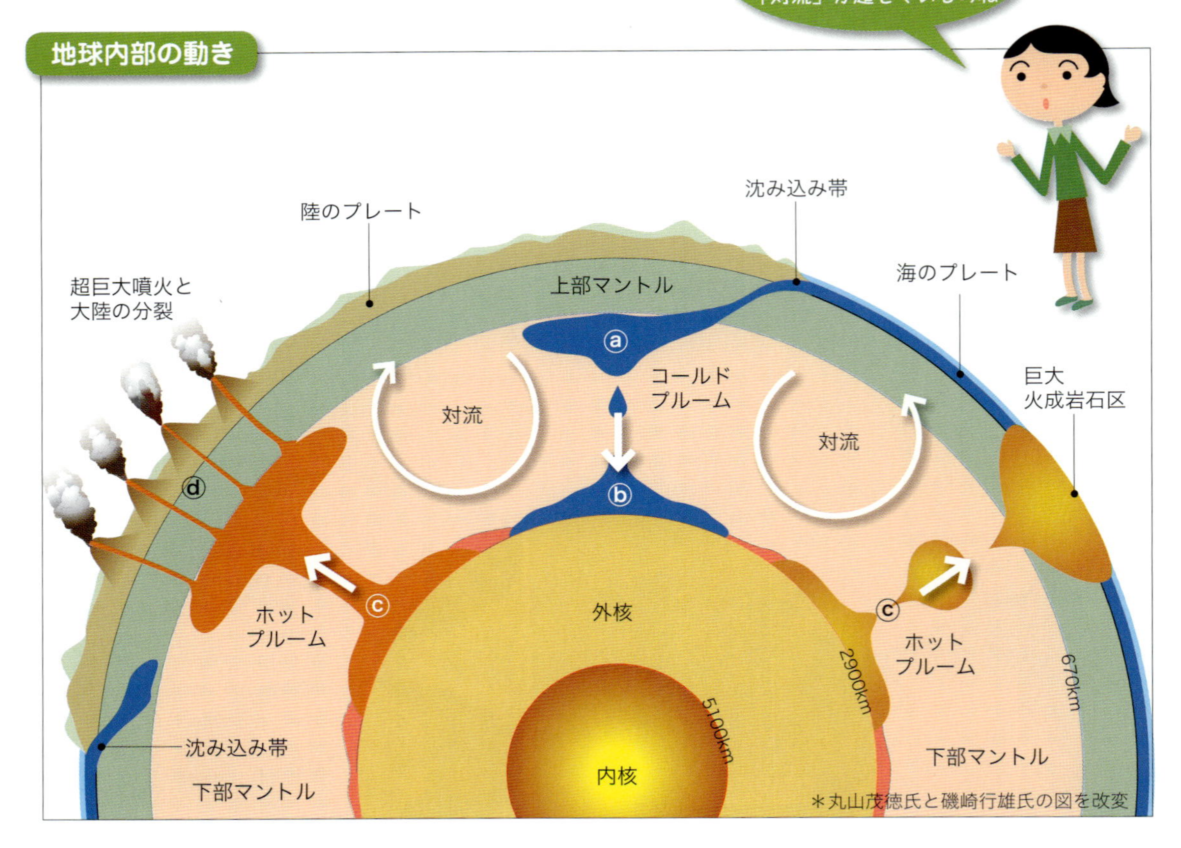

み込んでいきます。

プレートが沈み込むところは、多くは大陸のへりです。私たちの日本列島は、沈み込み帯の代表的な地域なのです。

■ プレートを動かすマントル対流

プレートを動かす原動力となっているのは、マントル対流というマントルの動きです。

対流とは、高温で密度の小さい部分が上昇し、低温で密度の大きい部分が下降するという液体や気体の動きです。お風呂のお湯を沸かす時のことを思い出してみると、わかりやすいかもしれません。

マントルは岩石でできているので固体です。しかし、何千万年という長い時間の中でみると、まるで溶けたキャラメルのように、ゆっくりと動くことができるのです。プレートは、このマントルの対流にのって動いています。

■ プルームテクトニクス

プレートテクトニクスは、地球の表面の動きについてはうまく説明できましたが、中央海嶺でどうしてマグマが湧き上がってくるのか、中央海嶺の下はどうなっているのか、沈み込んだプレートはどうなるのか、というような、地球の奥深くで起きていることについては説明できませんでした。

そこで近年、地球内部の動きを説明する理論として登場したのが、プルームテクトニクスという考えです。

プルームとは、英語で「もくもくと湧き上がる雲」の意味で、ここではマントル内で動く大きなかたまりのことをいいます。

プルームテクトニクスを簡単に説明すると次

のようになります。

まず、沈み込み帯で沈み込んだプレートは、上部マントルと下部マントルの間に残骸（ざんがい）としてたまっていきます（左図のⓐ）。ある程度たまると、残骸のかたまりは下部マントルの底に落ちていきます（左図のⓑ）。この残骸は、マントルよりも温度が低いので、コールドプルームといいます。すると、冷たいコールドプルームにあおられるように、熱いマントルのかたまりが上昇していきます（左図のⓒ）。これをホットプルームといいます。

■ 超大陸の形成と分裂

それでは、地球の奥深くで起きているこのプルームの動きは、大陸の動きとどのような関係があるのでしょうか。

プレートが沈み込むところには、プレートの上の大陸が集まり、やがて巨大な超大陸を形成します。2億5000万年前のパンゲア大陸も、このようにしてできた超大陸です（→ p.19「なるほど情報館」）。

先ほど説明したように、沈み込んだプレートの残骸はコールドプルームになります。そして、それにあおられて、超大陸の直下にホットプルームが生まれます。

ホットプルームの上昇は、大規模な火山活動を引き起こすとともに、超大陸を下から持ち上げます（左図のⓓ）。その結果、超大陸は引き裂かれ、その裂け目に海が入り込んで中央海嶺が誕生します。中央海嶺では次々とプレートが生み出され、プレートの移動がはじまります。こうして、ホットプルームが、超大陸の分裂と移動のきっかけをつくっていくのです。

このような超大陸の形成と分裂・移動は、数億年周期で繰り返し起きていると考えられています。現在の5つの大陸も、2～3億年後には、再びひとつの超大陸になるといわれています。

インド亜大陸とヒマラヤ山脈

かつてインドは独立した大陸でした。

約4000万年前、インド・オーストラリアプレートの動きによって北上してきたインド亜大陸が、ユーラシア大陸と衝突してひとつになりました。

このとき、両大陸が押しあってできたのがヒマラヤ山脈です。インド亜大陸は今なお北上をつづけているので、ヒマラヤ山脈もそれにともなって高くなりつづけています。

インド亜大陸の衝突

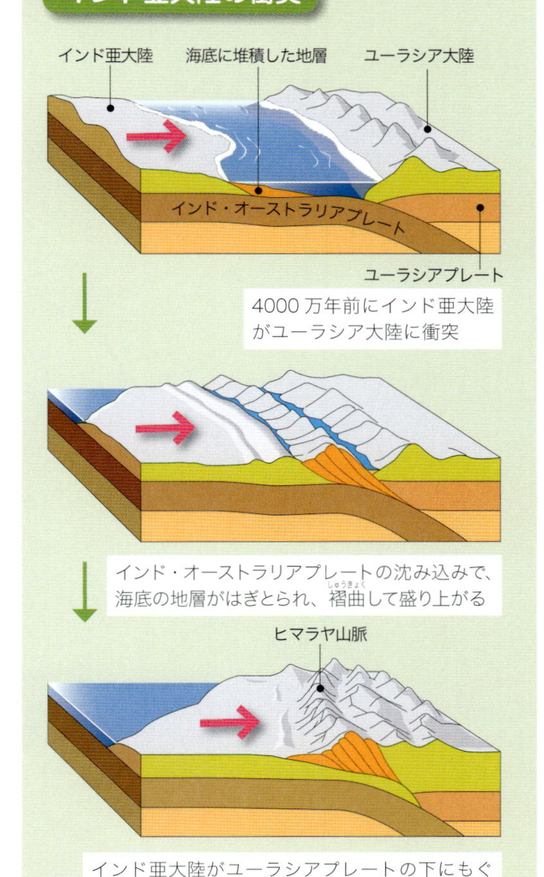

4000万年前にインド亜大陸がユーラシア大陸に衝突

インド・オーストラリアプレートの沈み込みで、海底の地層がはぎとられ、褶曲（しゅうきょく）して盛り上がる

インド亜大陸がユーラシアプレートの下にもぐり、褶曲した地層はさらに高く持ち上げられる

火山と地震はかぎられた場所に

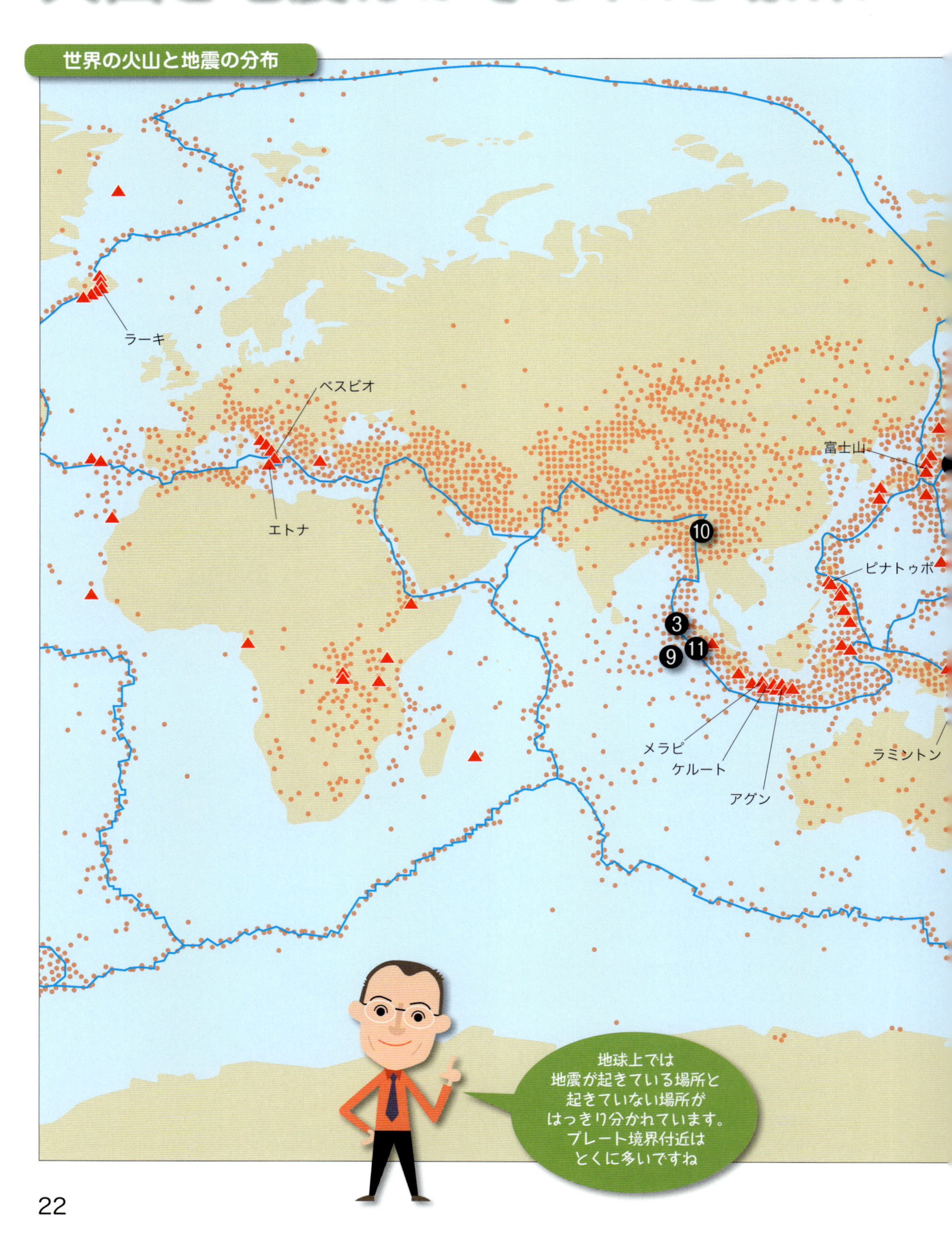

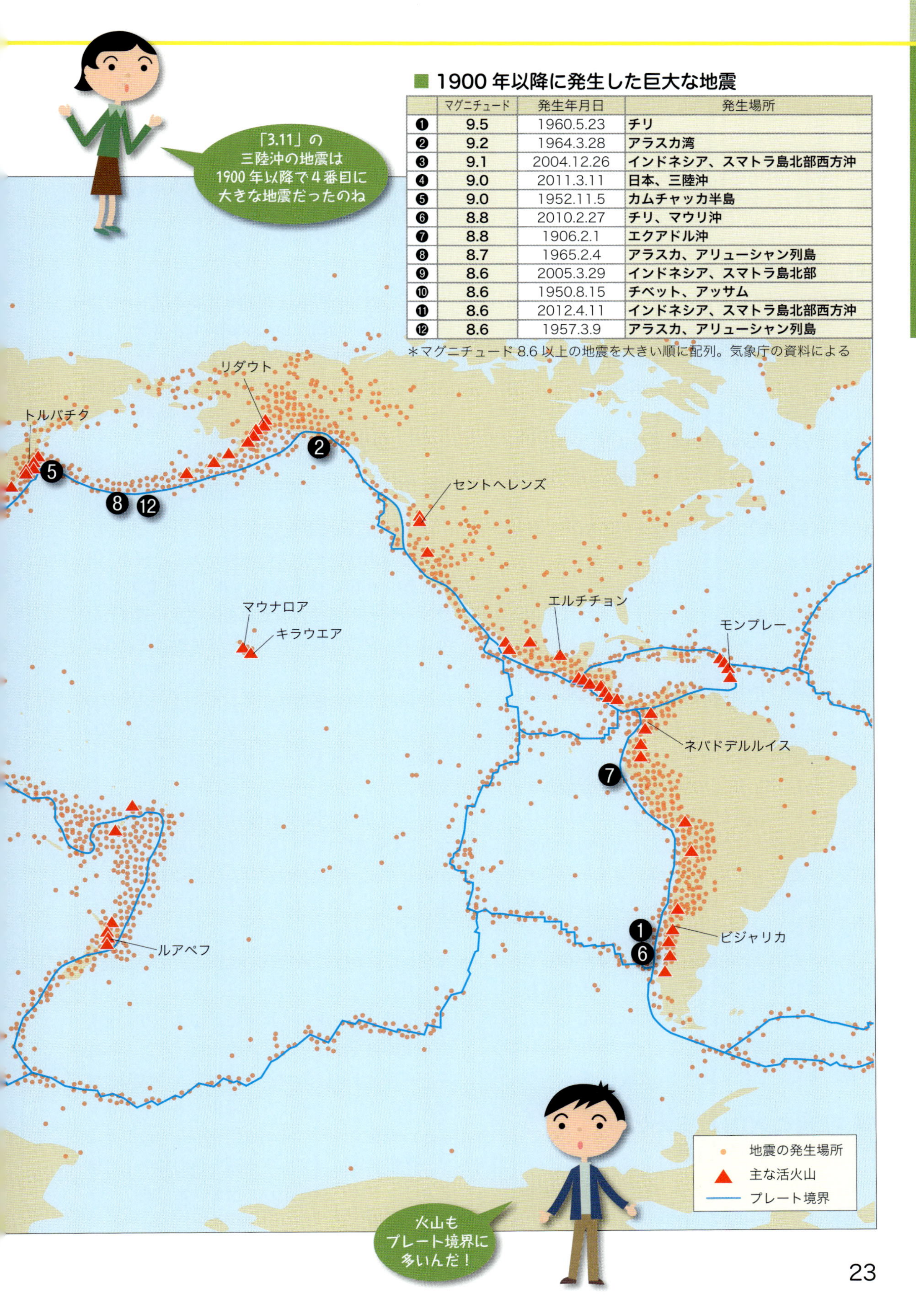

■ 1900年以降に発生した巨大な地震

	マグニチュード	発生年月日	発生場所
❶	9.5	1960.5.23	チリ
❷	9.2	1964.3.28	アラスカ湾
❸	9.1	2004.12.26	インドネシア、スマトラ島北部西方沖
❹	9.0	2011.3.11	日本、三陸沖
❺	9.0	1952.11.5	カムチャッカ半島
❻	8.8	2010.2.27	チリ、マウリ沖
❼	8.8	1906.2.1	エクアドル沖
❽	8.7	1965.2.4	アラスカ、アリューシャン列島
❾	8.6	2005.3.29	インドネシア、スマトラ島北部
❿	8.6	1950.8.15	チベット、アッサム
⓫	8.6	2012.4.11	インドネシア、スマトラ島北部西方沖
⓬	8.6	1957.3.9	アラスカ、アリューシャン列島

＊マグニチュード8.6以上の地震を大きい順に配列。気象庁の資料による

■ 世界の大地震と火山噴火

世界には日本と同じように、大地震や噴火を繰り返している地域があります。

観測史上最大のマグニチュード9.5（チリ地震）を記録した南米の太平洋岸の地域、アラスカを含む北米大陸西岸、2004年に津波の被害と合わせて20万人以上もの犠牲者を出した東南アジアなどが、地震の多い地域です。

火山では、2000年の間、噴火をつづけているイタリアの火山島ストロンボリ、1980年の大噴火で山頂が崩壊したアメリカのセントヘレンズ、1991年に20世紀最大級の噴火で噴煙が成層圏まで達したフィリピンのピナトゥボ、2010年に噴火し、その噴煙でヨーロッパ中の航空網をまひさせたアイスランドのエイヤフィヤトラヨークトルなどが有名です。

■ プレート境界に多い地震と火山

前のページの地図は、地震の震源と、火山のある場所を示したものです。

見てわかるように、地震も火山も、たくさん集まっている場所とまったくない場所が、はっきりと分かれています。地震や火山の多い地域がある一方、イギリスや北欧、ロシア、アメリカ大陸の東岸など、地震や火山とほとんど無縁の地域があります。

また、火山は、地震の多い場所に分布していることに気づくと思います。とくに太平洋をとり囲むように、火山が集中しています。そして、火山と地震の震源のほとんどが、プレートの境界線にあることにも気づくと思います。

■ 地震と火山を生み出すプレートの動き

18ページで説明したように、地球の表面は十数枚のプレートに覆われています。

プレートが別のプレートに沈み込むところでは、プレート同士がこすれあって、とても大きな力がかかり、この力が地震の原因となっているのです。

また、長い間海底を移動してきたプレートが沈み込むと、含んでいた水が出てきます。これが一定の温度と圧力の条件のもとで、マントルを溶かしてマグマを誕生させます。マグマは地中にどんどんたまっていき、やがて噴火します。こうして火山が生まれるのです。

■ プレート内部の地震と火山

もう一度、地図を見てみてください。先ほど、地震と火山はプレートの境界にあると説明しましたが、中国の西南部や、アフリカ東部など、プレートの内部でも地震や火山の多い場所があります。実はこれらもプレートの動きと関係があるのです。

中国西南部の地震は、インド・オーストラリアプレートが、ユーラシアプレートをぐいぐいと押してできた大きなひずみが原因となっています。

東アフリカで地震と火山が集中する場所には、「大地溝帯」という、大地の大きな裂け目があります。この裂け目は、地下にある大きなホットプルームによるもので、1億年後には、アフリカ大陸を引き裂いてしまうといわれています。これが、この地域の地震と火山の原因なのです。

太平洋プレートのまん中に浮かぶハワイも有名な火山島です。ハワイの火山は、マントル深くから沸き上がったマグマによる火山活動でできたものです。このような場所をホットスポットといいます。ハワイの火山をつくったマグマは、太平洋を広げている東太平洋海膨（かいぼう）の下にあるホットプルームによって生まれました。

近年の地震・津波・火山噴火による大災害

有史以来、地球上では地震や、それが引き起こす津波、火山噴火によって数多くの大災害が起きています。1900年以降にかぎってみても、下の表にまとめたように、多くの犠牲者を出した大災害が起きています。

20万人を超える犠牲者を出した大災害も、1976年の唐山（とうざん）地震をはじめ、2004年のスマトラ島沖地震や、2010年のハイチ地震と、3件もあります。唐山地震では、当時、中国有数の工業都市だった唐山市がほぼ壊滅。スマトラ島沖地震では、地震で引き起こされた津波によっても大きな被害が出ました。

■ 1900年以後に発生した被害の大きな地震・津波・火山噴火

発生年	災害の種類	国名（地域名）	死者・行方不明者数（概数、人）
1902	火山噴火	マルティニク（西インド、プレー山）	29,000
1908	地震	イタリア、シシリー	75,000
1915	地震	イタリア、中部	30,000
1920	地震 / 地すべり	中国、甘粛省	180,000
1923	地震 / 火災	日本、関東南東部	143,000
1932	地震	中国、甘粛省	70,000
1935	地震	パキスタン、バルチスタン地方	60,000
1939	地震 / 津波	チリ	30,000
1948	地震	トルクメニスタン（旧ソ連）	110,000
1949	地震 / 地すべり	タジキスタン（旧ソ連）	12,000
1968	地震	イラン、北西部	12,000
1970	地震 / 地すべり	ペルー、北部	70,000
1976	地震	グアテマラ	24.000
1976	地震	中国、天津～唐山	242,000
1978	地震	イラン、北東部	25,000
1982	火山噴火	メキシコ、エルチチョン火山	17,000
1985	地震	メキシコ、メキシコ市	10,000
1985	火山噴火	コロンビア、ネバドデルルイス火山	22,000
1988	地震	アルメニア（旧ソ連）	25,000
1990	地震	イラン、北部	41,000
1999	地震	トルコ、西部	15,500
2001	地震	インド	20,000
2003	地震	イラン	26,800
2004	地震 / 津波	インドネシアほか十数か国	226,000以上
2008	地震	中国、四川省	87,500
2010	地震	ハイチ	222,600
2011	地震 / 津波	日本、東北、関東地方など	21,800

＊死者・行方不明者数がおおむね1万名以上のもの。内閣府資料による

日本列島はプレートの交差点

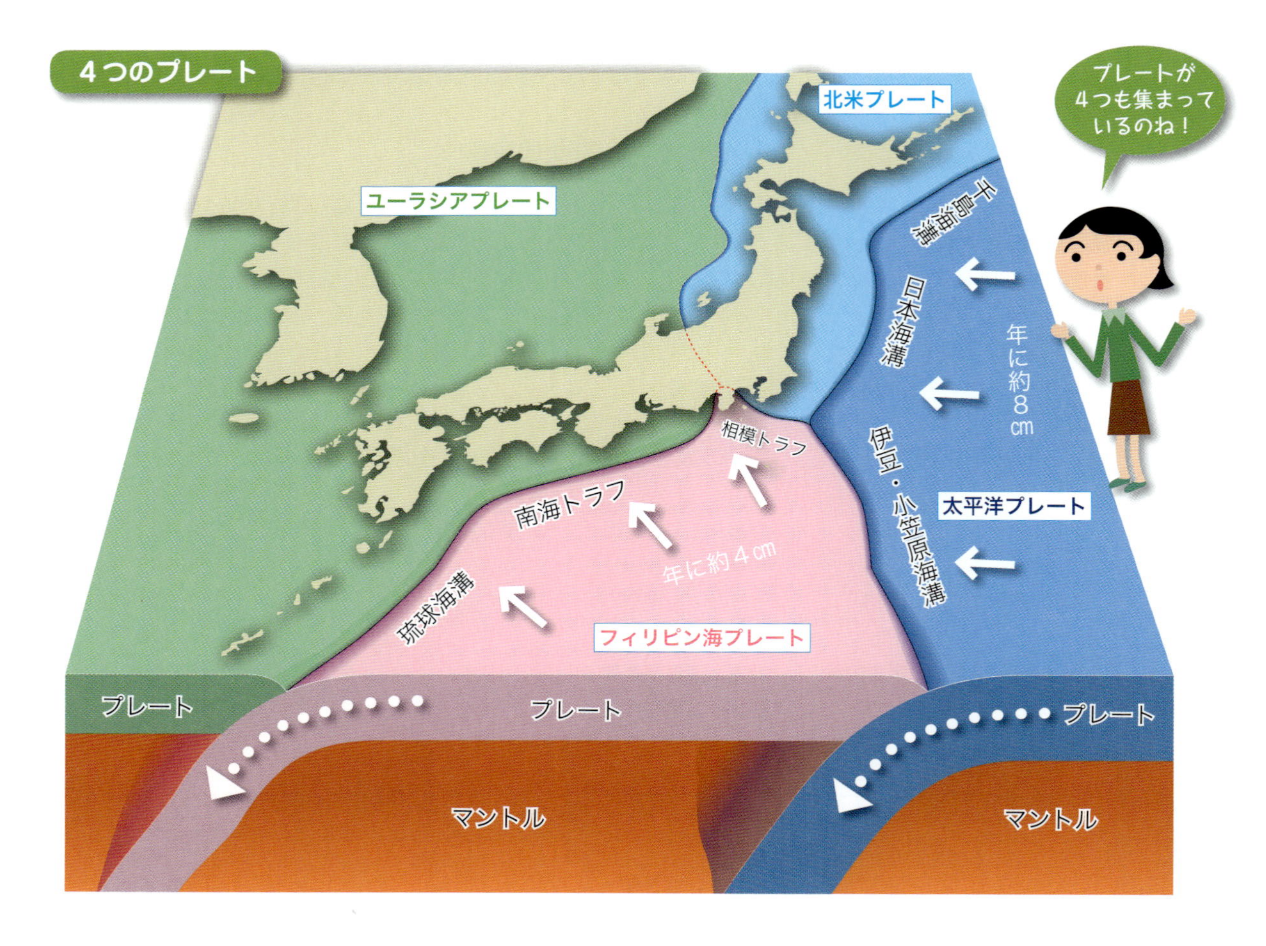

■ 日本列島の生い立ち

日本列島は、ユーラシア大陸の東の端にあり、ユーラシアプレート、フィリピン海プレート、北米プレート、太平洋プレートという、４枚のプレートがひしめきあう交差点に位置しています。

日本列島の生い立ちもまた、プレートの運動によるものです。

かつて、日本はユーラシア大陸の一部でした。中央海嶺から移動してきた海洋プレートの上には、砂岩や泥岩などの堆積物がのっています。そして、海洋プレートが、大陸のプレートに沈み込むときに、この堆積物は、大陸プレートにはぎとられて、大陸の端に張りつきます。これを付加体（ふかたい）といいますが、日本列島のほとんどの部分は、この付加体によってできています。

2500万年前、ユーラシア大陸の東端で、激しい火山活動が起きました。このとき、大陸が引きちぎられ、その割れ目がやがて日本海になりました。その後、1300万年前まで、日本海は広がりつづけました。

ちなみに、この海底の広がり方は一様ではありませんでした。日本海ができたころの日本列島はまっすぐでしたが、日本海のまん中あたりの広がり方が大きかったために、弓なりに曲がった形になったのです。

■ 日本列島と４枚のプレート

日本列島と４枚のプレートについて、もう少しくわしくみてみましょう。

日本列島は大きく分けると、東日本が北米プレートの上にあり、西日本がユーラシアプレートの上にあります。そして、フィリピン海プレートが北米プレートとユーラシアプレートの下に沈み込み、さらにその下に太平洋プレートが沈み込むという、三層構造となっています。しかも、3つのプレートが接している場所が2か所もあります。日本列島と4枚のプレートの構造はなかなか複雑なのです。

プレートの動きを見てみると、ユーラシアプレートと北米プレートにはあまり大きな動きはありませんが、フィリピン海プレートは1年に約4㎝、太平洋プレートは1年に約8㎝ずつ日本列島の方向に動いています。ちょうど爪が伸びるくらいの速さです。

海洋プレートが大陸プレートに沈み込むとき、大陸プレートの端を一緒に引き込んでいきます。その結果できる深い海底の溝が海溝です。

フィリピン海プレートがユーラシアプレートに沈み込むところには、琉球海溝と南海トラフがあります。トラフとは、海溝よりも水深が浅く（最大水深7000ｍ未満)、幅の広い場所のことをいいます。

太平洋プレートの境界には、フィリピン海プレートに沈み込む場所に伊豆・小笠原海溝が、北米プレートに沈み込む場所に日本海溝と千島海溝があります。

4枚ものプレートがひしめきあい、複雑な構造となっている日本列島は、そのプレートの動きによって、世界でも有数の地震と火山の国となっています。それでは、次のページから、日本列島の地震と火山についてみていきましょう。

伊豆半島は南の島だった

左ページの図を見てください。本州の中で伊豆半島だけが、フィリピン海プレートにのっていますね。伊豆半島は、もとから日本列島の一部ではありません。かつては南の海にあった海底火山の集まりでした。

この海底火山の集まりは、火山活動を繰り返しながら、フィリピン海プレートの移動とともに北上しました。その途中で、一部は海の上に顔を出す火山島になりました。そして、日本列島に近づくうちに隆起して、約60万年前に本州に衝突して伊豆半島になったのです。

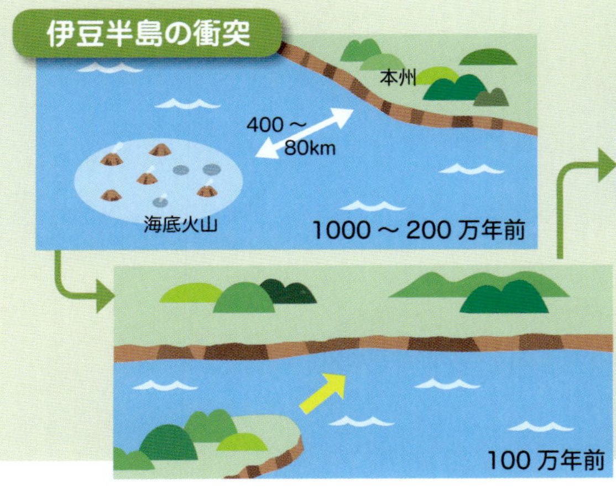

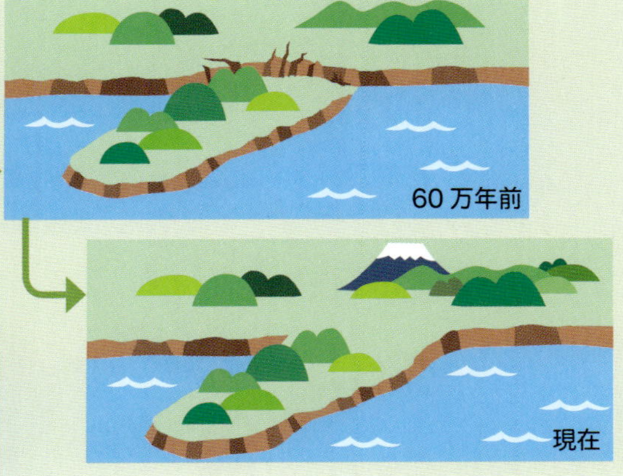

日本列島は地震の巣

日本列島付近の主な震源域
主な活断層
海溝型地震の震源域
北米プレート
千島海溝
日本列島の付近は
あらゆるところに
地震の元があるんだ！
糸魚川・静岡構造線
ユーラシアプレート
中央構造線
日本海溝
相模トラフ
太平洋プレート
伊豆・小笠原海溝
南海トラフ
琉球海溝
フィリピン海プレート
地震には
活断層による内陸地震と
プレートの沈み込みによる
海溝型地震があります

■ 世界で起きる地震の10%が日本で

日本は世界有数の地震国です。全世界で起きるうちの10%の地震が、日本で起きているといわれます。

実際、どのくらい地震が起きているのでしょうか。2014年には、震度1以上の地震が2052回記録されています。1日に5回か6回、日本のどこかで地震があった計算です。東日本大震災があった2011年には、1万回を超える地震が記録されました。そのほかの年でも1000回から3000回以上の地震が発生しています。

■ 海溝型地震と内陸地震

地震には、大きく分けて2つのタイプがあります。「海溝型地震」と、「内陸地震」です。

「海溝型地震」は、海洋プレートが大陸プレートに沈み込むことによって生じるひずみの力によって起きます。そのため、左の図でわかるようにプレートの境界にそって、震源域が存在しています。海溝型地震ではマグニチュード8クラスの大きな地震がよく起きます。また、津波を引き起こすのも、この海溝型地震です。

一方、「内陸地震」は大陸プレート内の断層によって起きる地震です。プレートが押しつけられたり、引っ張られたりする力に耐えられなくなった時、岩盤にひび割れができ、それがずれて断層ができます。この時発生する地震が、内陸地震です。

■ 活断層と直下型地震

内陸地震の場合、断層がずれることによって起きるエネルギーには限界があるため、マグニチュードは7クラスで、海溝型地震に比べると、地震そのもののエネルギーは大きくはありません。しかし、直下で起きると、大きなゆれを引き起こし、都市の直下などでは甚大な被害を及ぼします。

内陸地震によって生まれた断層は、一定の周期で繰り返し動き、何度も地震を引き起こします。再び活動する可能性のあるものを「活(い)きている断層」ということで、「活断層(かつだんそう)」とよびます。今はおとなしくしていても、またいつ動き出すかわからない断層です。

左の図で、赤い線で示されているのが主な活断層です。日本列島全域で、2000ほどの活断層が知られています。

まだ知られていない活断層もたくさんあると予想され、海溝型の震源域も含め、日本列島は、まさに地震の巣といえるでしょう。

都市の地下は活断層だらけ？

1995年に起きた阪神・淡路大震災の原因は、淡路島北部から神戸市街地にかけて走る活断層でした。この震災によって、活断層の存在がクローズアップされました。

日本のように、ほとんどが付加体でできている地盤では、断層は山地と平地の境界にできることが多いのです。大都市は平地につくられることが多いので、必然的に、大都市の地下には断層が多いことになります。

関西地方の活断層

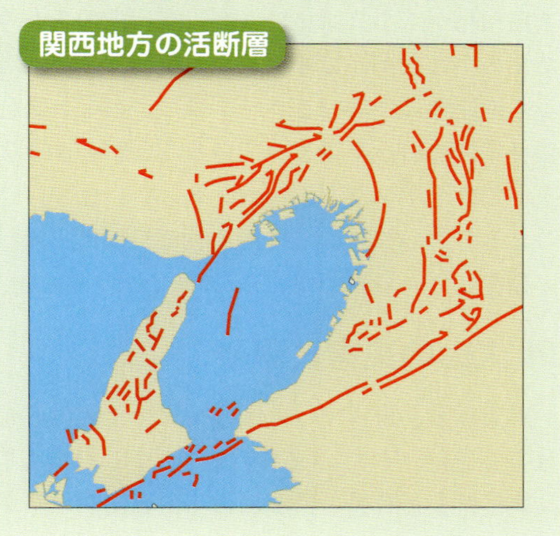

日本列島は火山列島

■ 世界の活火山の７％が日本に

世界には、約 1500 の活火山があるといわれています。そのうちの約７％にあたる 110 の活火山が日本にあります。陸地の面積でいえば、日本は世界のわずか 0.3％しかありません。そんな日本に、世界の７％の火山があるわけですから、いかに日本が火山の多い国なのかがわかります。

右の図で火山の分布を見てみましょう。火山は、日本列島にまんべんなくあるのではなく、千島列島から小笠原諸島まで、富士山のあたりでくの字に曲がって伸びるラインと、山陽地方から南西諸島に伸びるラインの２つのピンク色のラインに沿って集まっていることがわかります。このラインを火山フロントといいます。この２本の火山フロントは、それぞれ海溝に沿って存在しているのです。（→p.31「なるほど情報館」）

■ 火山の災害と恵み

有史以来、日本では火山の噴火による災害が数多く記録されています。最近では、2014 年に岐阜県と長野県の県境にある御嶽山（おんたけさん）が水蒸気爆発を起こし、死者・行方不明者 63 人という、戦後最悪の火山災害が起きています。

火山災害を防ぐために、110 ある活火山のうち、火山噴火予知連絡会によって、選定された 47 の活火山（右図の▲）が、24 時間体制で観測・監視されています。

恐ろしい災害をもたらす一方で、火山の存在は日本列島に恵みももたらしています。マグマの地熱による温泉はもちろんのこと、噴火による火山灰は、ミネラル分が豊富で水はけがよく、豊かな農産物を生み出すもととなっています。また、火山堆積物は、降ってくる雨をろ過して、きれいな水にしてくれます。古くから日本人は、火山とうまくつきあってもきたのです。

火山フロントとは

海底を移動して水分を含んだ海洋プレートが大陸プレートに沈み込んで、ある深さに達した時、その水分がきっかけとなってマントルを溶かしてマグマを誕生させます。このマグマが地表に噴き出すと、火山が生まれます。プレートが沈み込んで、ある一定の深さになる場所は、プレートの縁に沿う形になります。

そのため、火山は海溝に沿って列をなして並ぶことになります。その火山の列の海溝側の境界線を火山フロントといいます。火山は、火山フロントのそばに多くあり、大陸側に行くほど少なくなります。

日本列島の気象と災害

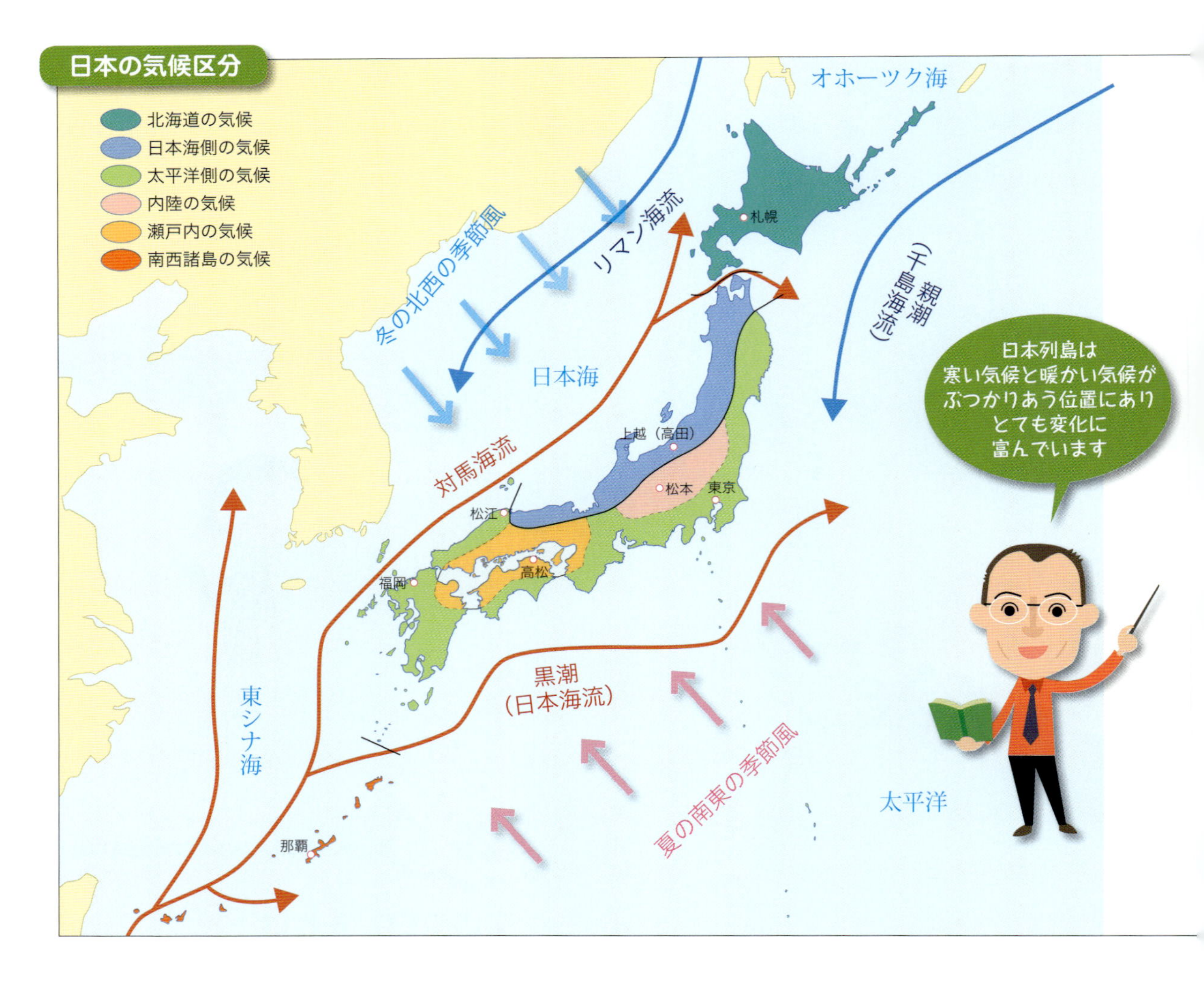

■ 日本の気象の特徴

日本に自然災害を引き起こすのは、地震や火山だけではありません。台風や局地的豪雨などもまた、大きな自然災害を引き起こします。ここでは、日本の気象の特徴と近年の異常気象についてみてみましょう。

日本列島は温帯に位置して、四季の変化がはっきりしています。また、南北に長く、山が多い複雑な地形であることや、季節風や海流の影響によって、地域ごとに特色のある気候になっています。

夏は南東の季節風によって、太平洋側は雨が多く湿潤な天候になります。一方、日本海側では雨が少なく、フェーン現象によって高温になることもあります。

冬は北西の季節風によって日本海側では雪が多く、太平洋側は乾燥した天候になります。

春と秋は周期的に天候が変わり、案外と荒れた天気の日も多くなります。

6月上旬から7月下旬にかけての梅雨、夏から秋にかけて襲来する台風も、日本の気候の特徴といえます。

また、上空を流れる偏西風（ジェット気流）

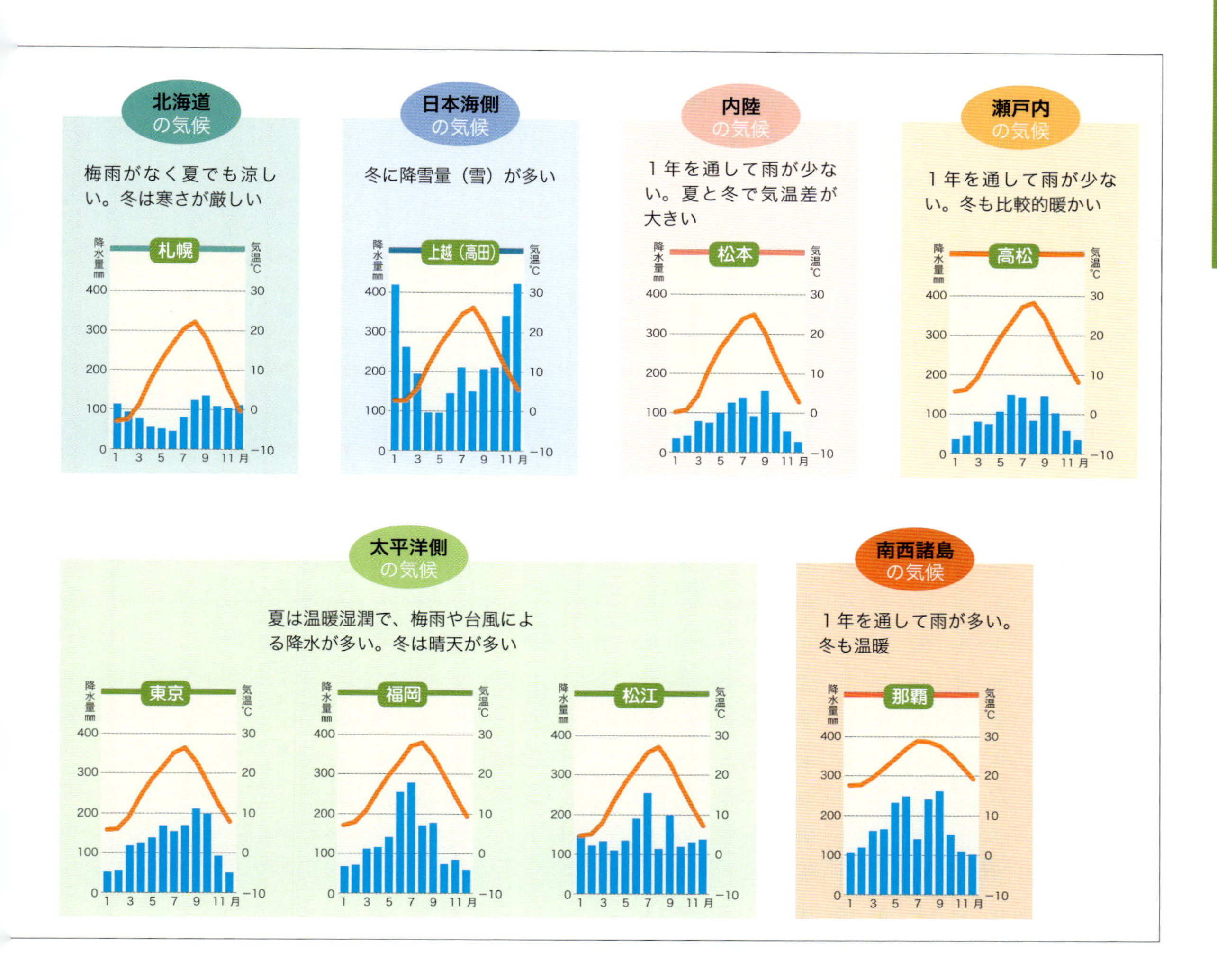

の影響を受けるため、天気はおおむね西から東へと変わっていきます。

■ 異常気象と災害

気象による災害といえば、まずあげられるのが台風です。とくに沖縄から近畿地方にかけては、俗に「台風銀座」とよばれるほど、台風の襲来が多く、その被害を受けやすい地域です。

近年では、台風のほか、異常気象による災害も増えています。突然発生する低気圧による局地的な豪雨は、数日続くことで地盤をやわらかくして土砂災害を引き起こします。また、巨大な竜巻の発生による被害も増えています。冬には、記録的な豪雪もあり、落雪の下敷きになるなどして、多くの犠牲者が出ました。このほか、夏になると35℃以上の猛暑日が増え、多くの熱中症患者が出ていることも、異常気象がもたらす自然災害のひとつといえるでしょう。

異常気象が増えている原因のひとつは、地球温暖化ともいわれますが、まだはっきりとしたことはわかっていません。

ちなみに、気象庁の基準では、「ある場所、ある時期において、30年間に1回以下の頻度で発生する現象」を異常気象としています。

近年の主な気象災害年表

年月日	災害名	被害状況	●死者・行方不明者（人） ▲負傷（人） ■住家の損壊（戸） ■住家の浸水（戸）
2005年9月3～8日	**台風第14号、前線**	九州・四国・中国地方で長時間にわたる暴風雨、高波。4日夜、東京都と埼玉県で、局地的に1時間に100mmを超える猛烈な雨。	● 29 ■ 177 ■ 5,113
2005年12月～翌年3月	**平成18年豪雪**	12月から1月上旬を中心に大雪、除雪中の事故等による甚大な被害。新潟県津南町で2月5日、これまでの最大記録を超える416cmの積雪を観測。	● 152 ▲ 2,145 ■ 4,713 ■ 113
2006年7月15～24日	**平成18年7月豪雨**	長野県、鹿児島県を中心に九州、山陰、近畿、北陸地方の広い範囲で大雨。宮崎県えびの市で7日間の総降水量が1,281mm。	● 30 ▲ 46 ■ 1,708 ■ 6,996
2006年9月15～20日	**台風第13号**	沖縄地方、九州地方、中国地方で暴風、大雨。佐賀県で土砂災害などにより死者3名。宮崎県延岡市では竜巻で死者3名。	● 10 ▲ 448 ■ 11,894 ■ 1,366
2006年10月4～9日	**低気圧による暴風と大雨**	近畿から北海道にかけて暴風や大雨。各地で海難事故や山岳遭難が発生。船舶の座礁や転覆で、死者・行方不明者33名。	● 34 ▲ 43 ■ 997 ■ 1,297
2006年11月7日	**竜巻**	13時23分。北海道佐呂間町のトンネル工事の事務所兼宿泊所が全壊。多数の死傷者。（F3*）	● 9 ▲ 31 ■ 39
2008年7月27日	**ガストフロント****	12時50分頃。福井県敦賀市で、突風によりイベント用大型テントが飛ばされ死傷者。（F0*）	● 1 ▲ 9
2009年7月19～26日	**平成21年7月中国・九州北部豪雨**	九州北部・中国・四国地方などで大雨。九州北部の多いところで総雨量が700mmを超える。山口県防府市で土石流や山崩れで死者14名。	● 36 ▲ 59 ■ 384 ■ 11,872
2009年8月8～11日	**熱帯低気圧・台風第9号による大雨**	九州から東北地方の広い範囲で大雨。兵庫県佐用町では死者・行方不明者20名。	● 27 ▲ 23 ■ 1,347 ■ 5,619
2010年7月10～16日	**梅雨前線による大雨**	西日本から東日本にかけて大雨。徳島県美波町で1時間雨量108.5mmを記録。広島県、島根県、岐阜県で死者・行方不明者14名。	● 22 ▲ 21 ■ 353 ■ 7,930
2011年8月30～9月6日	**台風第12号による大雨**	紀伊半島を中心に記録的な大雨。三重県、奈良県、和歌山県、愛媛県などで、土砂災害や河川の氾濫で死者・行方不明者。	● 22 ▲ 21 ■ 353 ■ 7,930
2011年9月15～22日	**台風第15号による暴風・大雨**	西日本から北日本にかけての広い範囲で、暴風や記録的な大雨。東京都江戸川区で最大風速が30.5m/s。	● 98 ▲ 113 ■ 4,008 ■ 22,094
2011年11月18日	**竜巻**	19時10分頃。鹿児島県徳之島で住家や車が飛ばされる。死者3名。（F2*）	● 3 ■ 1
2012年5月6日	**竜巻**	12時35分。茨城県常総市からつくば市にかけて被害が発生。（F3*）	● 1 ▲ 37 ■ 634
2012年7月11～14日	**平成24年7月九州北部豪雨**	九州北部を中心に大雨。福岡県、熊本県、大分県で、死者・行方不明者32名。佐賀県を含めた4県で住家被害。	● 33 ▲ 34 ■ 2,774 ■ 10,983
2013年10月14～16日	**台風第26号による暴風・大雨**	西日本から北日本の広い範囲で暴風・大雨。東京都大島の大規模な土砂災害で、死者40名。	● 43 ▲ 130 ■ 1,094 ■ 6,142
2014年2月14～19日	**発達した低気圧による大雪・暴風雪**	関東甲信、東北、北海道で大雪・暴風雪。山梨県甲府市で期間最深積雪114cm。	● 26 ▲ 701 ■ 62 ■ 32
2014年8月15～20日	**前線による大雨**	西日本から東日本の広い範囲で大雨。広島市の大規模な土砂災害で死者74名。	● 82 ▲ 51 ■ 3,702 ■ 9,788

2005年以降の死者・行方不明者が10名以上の気象災害（竜巻は死者1名以上）。気象庁などの資料による。

＊　藤田スケール。風速の大きさを示す。くわしくは→p.149

＊＊　積乱雲により発生する突風。くわしくは→p.149

第 2 章

地震と津波にそなえる

地震のしくみ

■ 地震のしくみ

突然、地面が大きくゆれ、建物が倒れたり地割れが起きたりしてさまざまな被害をもたらす地震。第1章では、日本が世界有数の地震国であることや、地震は地球を覆うプレートの動きに関係していて、海溝型地震と内陸地震に分けられることなどを、簡単に紹介しました（→p.29）。この章ではさらにくわしく、地震や、地震によって引き起こされる津波について説明していきます。まず、地震のゆれが地下のどのようなところで発生し、それがどのように地上まで伝わるのか、そのしくみを解説しましょう。

地面を掘っていくと、とても固い岩石のかたまりに出くわします。これを「岩盤」といいます。岩盤に力が加わると、内部にひずみが生まれながらも、しばらくは壊れずに耐えています。しかし、それが限界を超えて耐えきれなくなると、広い範囲にわたって岩盤が割れ、ずれが起きます。これが地震です。

岩盤の割れは、ある一点から発生し、周囲へと広がっていきます。この一点を「震源」といい、ずれの広がった面を「断層」、震源の真上にある地表の一点を「震央（しんのう）」、断層面の直上の地表エリアを「震源域」といいます。地震が起こると、そのエネルギーは震源を中心に、波となって四方に伝わり、地表にもとどいて地面をゆらします。この波を「地震波（じしんは）」、ゆれを「地震動」といいます。

■ 断層と地震

多くの地震は新たに岩盤を砕いて起きるのではなく、断層を震源としています。断層は、過去の地震によって生まれた岩盤の割れ目です。地震がおさまった後の断層は、ずれたまま動かなくなりますが、岩盤のほかの部分に比べると動きやすくなっています。このため、岩盤に新たに力が加わってひずみが生まれた時に、この

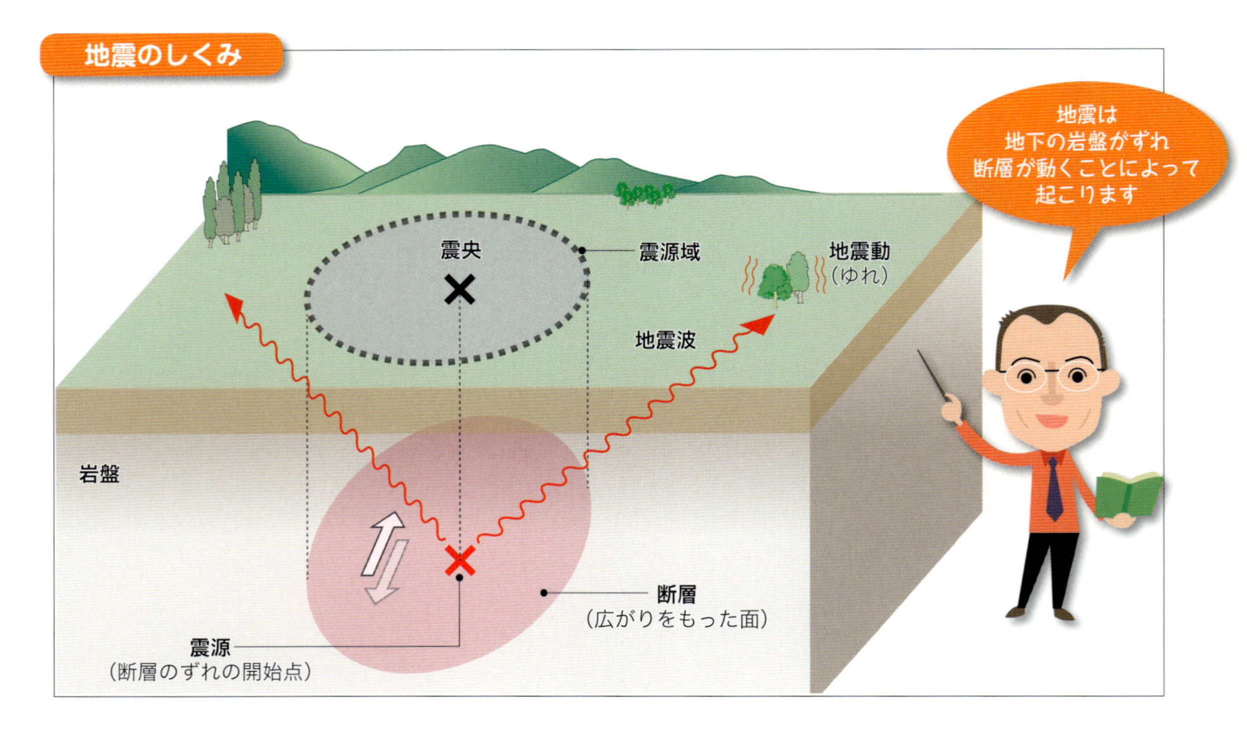

断層が震源となりやすいのです。こうして、いちどできた断層は、次の地震の震源になっていきます。

何年かの周期で繰り返し動いている断層のことを、活動が今でも続いている「活きている断層」ということで、「活断層」とよんでいます。

■ P波とS波

地震波には、震源から伝わって進む「P波（縦波）」「S波（横波）」と、P波やS波が伝わった後、地表を伝わって進む「地表波」の3種類があります。

P波は、波の進行方向と同じ向きの震動を伝え、S波は、波の進行方向に垂直の向きの震動を伝えます。P波はS波よりも速度が速いので、まずP波がS波よりも早く地表に到達し、その後、少し遅れてS波が到着します。このため、地震が発生すると、まずP波による突き上げるような縦ゆれが起き、しばらく後にS波による大きな横ゆれが起きます。P波が到達してからS波が到達するまでのゆれを「初期微動」、S波が到達した後のゆれを「主要動」といいます。

P波は固体も液体も気体も伝わりますが、S波は固体しか伝わりません。また、P波もS波も、かたいものほど速く伝わり、やわらかいものほど遅く伝わるという性質があります。

■ 地表波

P波やS波が到達して地表をゆらしはじめると、地表にうねるような波が生まれ、地面を伝わっていきます。これが「地表波」です。地表波はS波よりもゆっくりと、大きなうねりのように伝わり、ゆれをさらに大きくします。

地表波の伝わる距離は長く、2時間半ほどで地球を1周し、さらに伝わり続けます。2011年に東日本大震災を引き起こした東北地方太平洋沖地震では、地表波が地球を5周したことが観測されています。

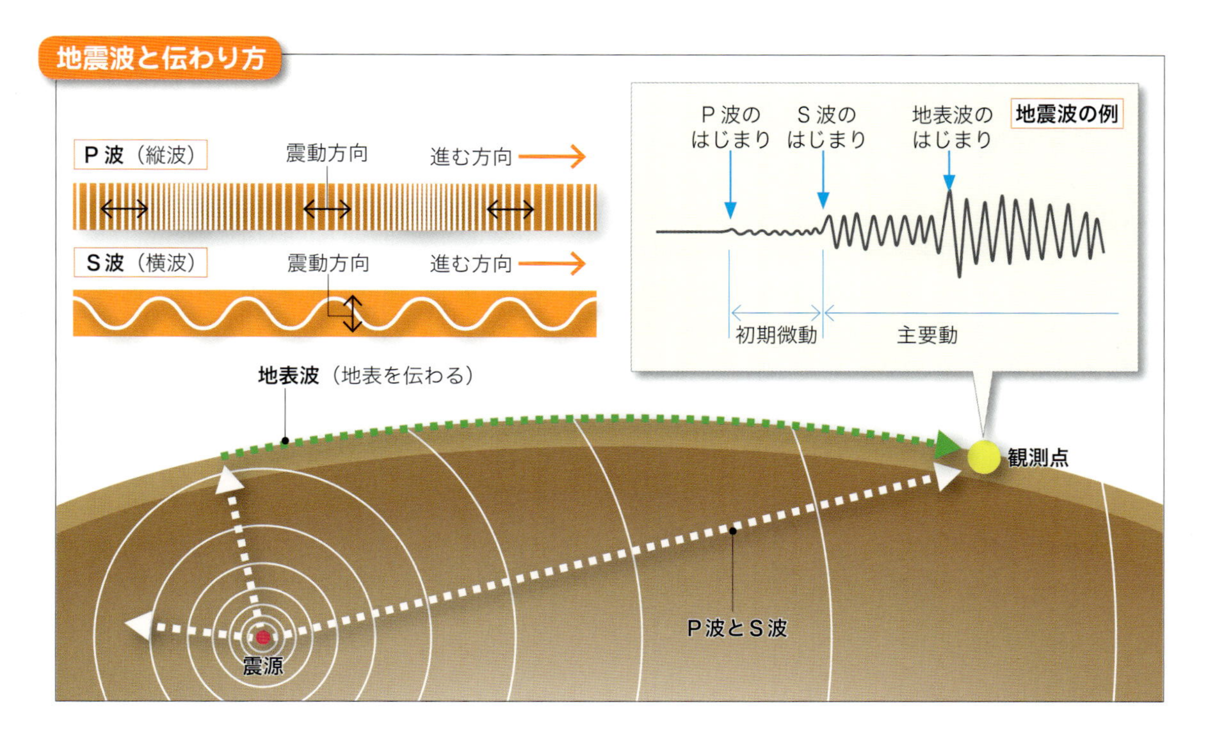

■ 地震のゆれの測り方

地震が起こると、天井からぶら下がった照明器具などが振り子のようにゆれます。こうした原理を利用して地震のゆれの大きさを測るのが地震計です。

地震計には、３台の器械が組み込まれています。上下の方向のゆれを測定する「上下動地震計」が１台と、地面に水平な方向のゆれを測定する「水平動地震計」が２台です。２台の水平動地震計は90°違う向きに設置され、１台は東西方向のゆれを、もう１台は南北方向のゆれを測ります。こうして３台それぞれ違う方向のゆれを計測することで、発生した地震のゆれを正確に測定することができるのです。

上下動地震計の中にはペンをとりつけたおもりがばねでぶら下がり、ペン先が一定の速度で動く記録用紙に触れるようになっています。ゆれが起こらなければ、記録用紙にはまっすぐな線が引かれます。ゆれが起きると、記録用紙はそれにあわせて動きますが、おもりについたペンはばねが振動を吸収して上下には動きません。このため、上下のゆれの大きさを記録できるのです。

水平動地震計には、糸でぶら下がったおもりがついていて、地面に水平な方向にしか動かないようになっています。そして、上下動地震計と同じように、おもりの先にはペンがとりつけられていて、水平方向のゆれの大きさが記録用紙に記録されるのです。

現在では、計測する原理は同じですが、紙にペンで記録するのではなく、電子的に計測され記録されています。

■ マグニチュードと震度

地震の強さは、「マグニチュード」と「震度」とで表されます。マグニチュードは地震の規模を、震度はゆれの大きさを表します。２つの違

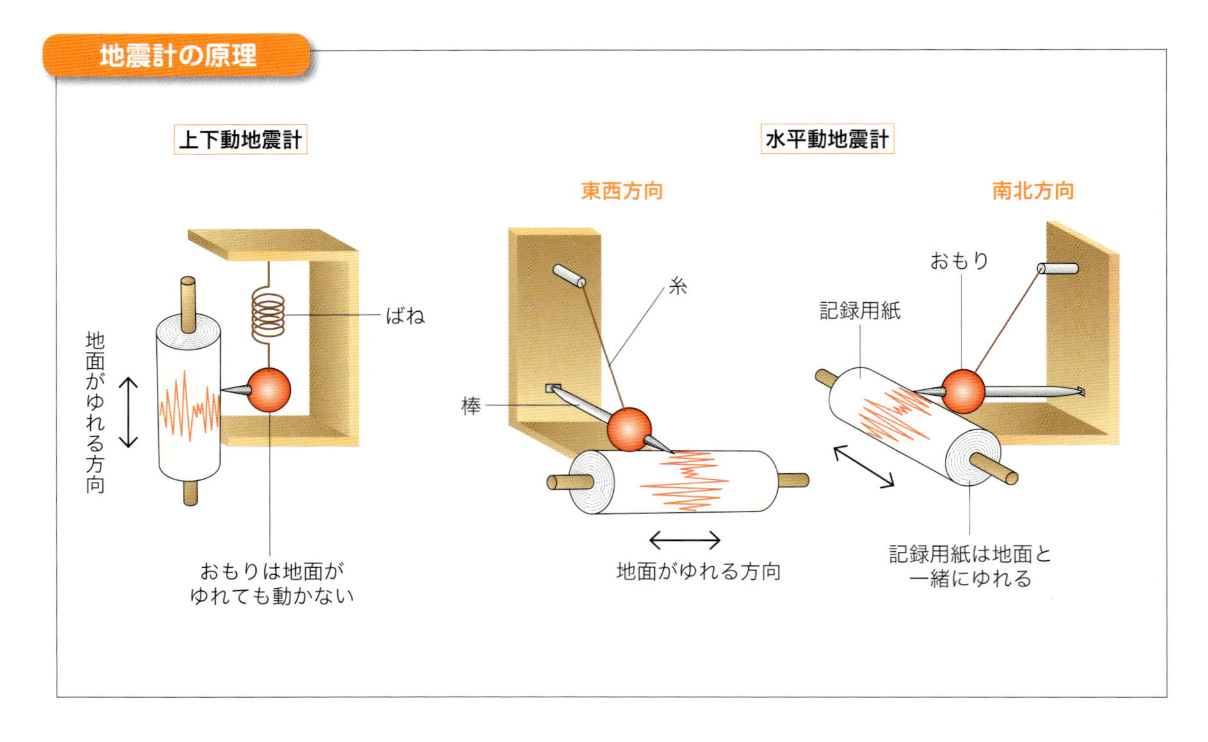

いは、電球そのものの明るさ（ワット数）と、電球に照らされた場所の明るさにたとえて説明することができます。

マグニチュードは電球のワット数のようなものです。60 ワットの電球より 100 ワットの電球の方が強い光を放つように、マグニチュードの値が大きいほど、地震の規模は大きくなり、強いエネルギーをもちます。

震度は、電球に照らされた場所の明るさのようなものです。同じ 100 ワットの電球でも、電球からの距離により、明るさは違います。それと同じように、マグニチュード（M）８の地震でも、A市では震度５強、B町では震度２というように、場所によって震度が変わるのです。

■ マグニチュードと地震の規模

M７とM８では、それほど大きな違いがないように思えるかもしれません。しかし、マグニチュードの値は、１増えるごとに規模が約 32 倍になります。つまり、M８の地震はM７の地震の約 32 倍、M９の地震はM７の地震の約 1000 倍もの規模になるのです。

■ 震度とゆれ

震度は、マグニチュードのように値が１増えるとゆれが 32 倍になるということはありません。人の体感や屋内・屋外の状況によって、次ページに示したように、０、１、２、３、４、５弱、５強、６弱、６強、７の 10 段階で表されます。かつては０から７までの８段階でしたが、1995 年の阪神・淡路大震災で、同じ震度でも場所によって被害が大きく違ったことから、５と６をそれぞれ強弱の２段階に分けるようになりました。

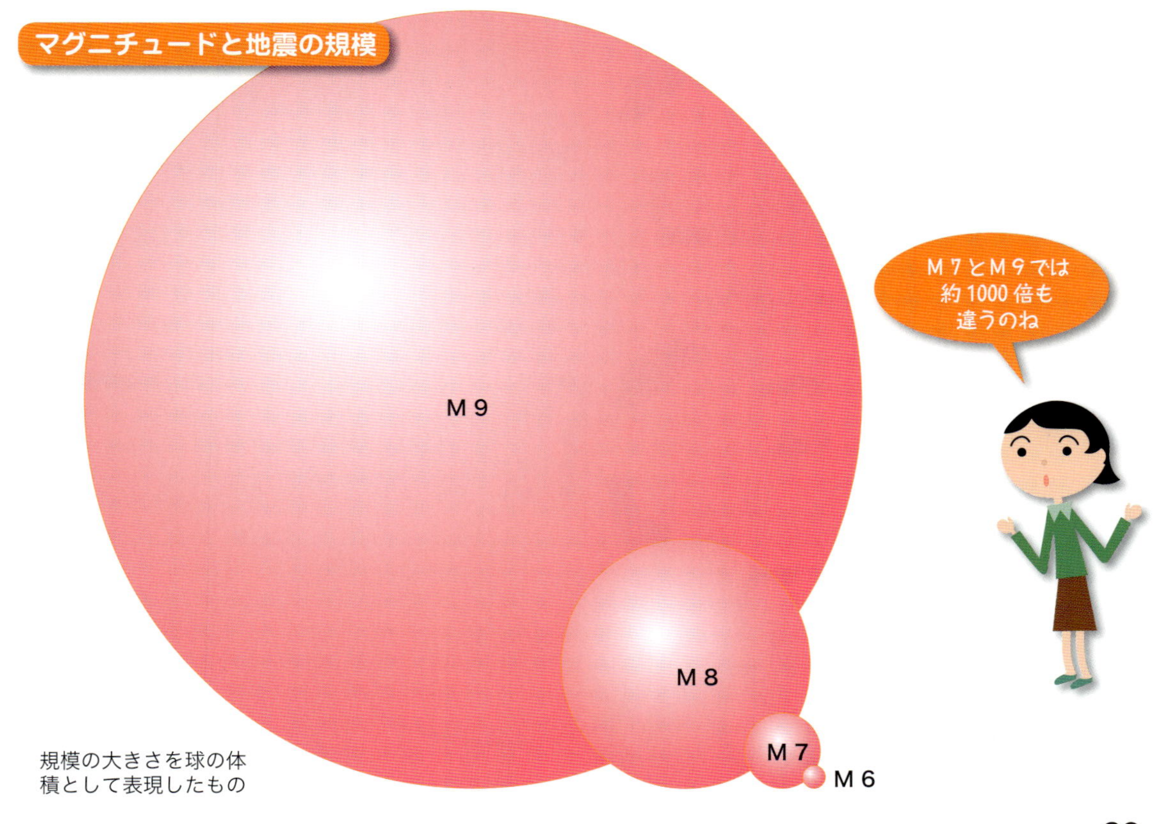
マグニチュードと地震の規模
M９
M８
M７
M６
M７とM９では
約 1000 倍も
違うのね
規模の大きさを球の体
積として表現したもの

震度とゆれなどの状況

震度		●人の体感・行動　●屋内の状況　●屋外の状況
0		●人はゆれを感じないが、地震計には記録される。
1		●屋内で静かにしている人のなかには、ゆれをわずかに感じる人がいる。
2		●屋内で静かにしている人の大半が、ゆれを感じる。 ●眠っている人のなかには、目を覚ます人もいる。 ●電灯などのつり下げ物が、わずかにゆれる。
3		●屋内にいる人のほとんどが、ゆれを感じる。 ●歩いている人のなかには、ゆれを感じる人もいる。 ●眠っている人の大半が、目を覚ます。 ●棚にある食器類が音を立てることがある。 ●電線が少しゆれる。
4		●ほとんどの人が驚く。 ●歩いている人のほとんどが、ゆれを感じる。 ●眠っている人のほとんどが、目を覚ます。 ●電灯などのつり下げ物は大きくゆれ、棚にある食器類は音を立てる。 ●座りの悪い置物が、倒れることがある。 ●電線が大きくゆれる。 ●自動車を運転していて、ゆれに気づく人がいる。

かつては震度を
人が感覚で決めていましたが
現在では地震計によって
決めています

震度		●人の体感・行動　●屋内の状況　●屋外の状況
5弱		●大半の人が、恐怖を覚え、物につかまりたいと感じる。 ●電灯などのつり下げ物は激しくゆれ、棚にある食器類、書棚の本が落ちることがある。 ●座りの悪い置物の大半が倒れる。 ●固定していない家具が移動することがあり、不安定なものは倒れることがある。 ●まれに窓ガラスが割れて落ちることがある。 ●電柱がゆれるのがわかる。 ●道路に被害が生じることがある。
5強		●大半の人が、物につかまらないと歩くことがむずかしいなど、行動に支障を感じる。 ●棚にある食器類や書棚の本で、落ちるものが多くなる。 ●テレビが台から落ちることがある。 ●固定していない家具が倒れることがある。 ●窓ガラスが割れて落ちることがある。 ●補強されていないブロック塀が崩れることがある。 ●据付けが不十分な自動販売機が倒れることがある。 ●自動車の運転が困難となり、停止する車もある。
6弱		●立っていることが困難になる。 ●固定していない家具の大半が移動し、倒れるものもある。 ●ドアが開かなくなることがある。 ●壁のタイルや窓ガラスが破損、落下することがある。 ●耐震性の低い木造建物は、傾いたり倒れるものもある。
6強		●立っていることができず、はわないと動くことができない。 ●ゆれにほんろうされ、動くこともできず、飛ばされることもある。 ●固定していない家具のほとんどが移動し、倒れるものが多くなる。 ●壁のタイルや窓ガラスが破損、落下する建物が多くなる。 ●補強されていないブロック塀のほとんどが崩れる。 ●耐震性の低い木造建物は、傾いたり倒れるものが多くなる。 ●大きな地割れが生じたり、大規模な地すべりや山体の崩壊が発生することがある。
7		●固定していない家具のほとんどが移動したり倒れたりし、飛ぶこともある。 ●壁のタイルや窓ガラスが破損、落下する建物がさらに多くなる。 ●補強されているブロック塀も破損するものがある。 ●耐震性の低い木造建物は、傾いたり倒れるものがさらに多くなる。 ●耐震性の高い木造建物でも、まれに傾くことがある。 ●耐震性の低い鉄筋コンクリート造の建物では、倒れるものが多くなる。

＊気象庁資料より作成

地震はどうして起きる?

■ プレートの動きが地震を起こす

第1章で、日本列島は4枚のプレートがひしめきあういわば交差点に位置していて、その動きによって、世界でも有数の地震国となっていることを紹介しました。ここでは、日本列島付近のプレートの動きがどのように地震を引き起こすのか、そのメカニズムをみていきましょう。

日本列島付近にある4枚のプレートのうち、北米プレートとユーラシアプレートは日本列島などをのせている「大陸プレート」、フィリピン海プレートと太平洋プレートは海だけをのせている「海洋プレート」です。大陸プレートと海洋プレートはつねに押しあいながら、海洋プレートが大陸プレートの下に少しずつ沈み込むように動いています。こうしたプレートどうしの押しあいが、地震を引き起こすのです。

■ 海溝型地震と内陸地震

地震の起こり方は、震源の場所によって大きく2つに分けられます。

1つ目は、大陸プレートと海洋プレートの境界の海溝付近を震源とする「海溝型地震」です。海洋プレートが大陸プレートの下に沈み込む時、大陸プレートも少しずつ引きずられます。この時、大陸プレートには元に戻ろうとする力がはたらき、2つのプレートの境界付近にはひずみが生まれます。しばらくは壊れずに耐えていますが、やがて限界を超えると、大陸プレートは一気に元の位置へ戻ろうとします。こうして起こるのが「海溝型地震」で、巨大地震となりやすく、津波の原因にもなります。東日本大

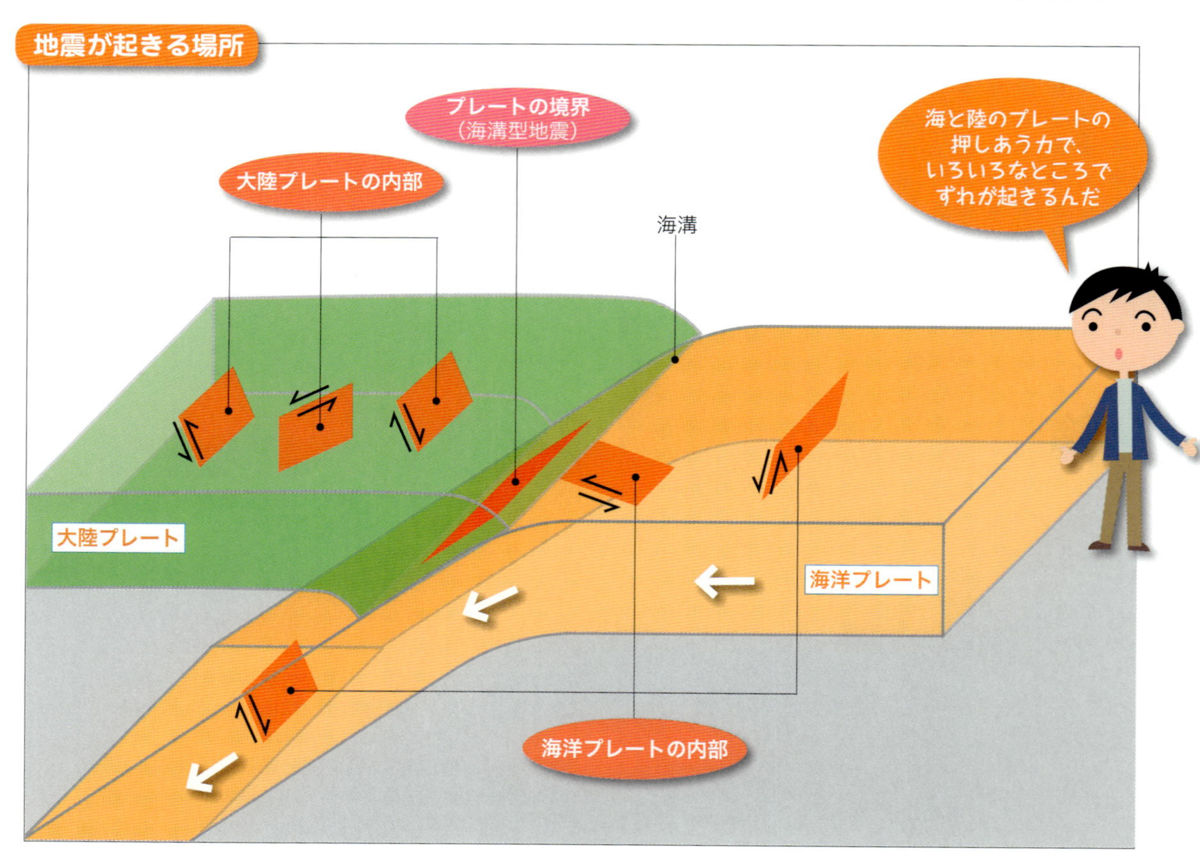

震災を引き起こしたのもこの海溝型地震です。

もうひとつは、大陸プレートの内部を震源とする「内陸地震」です。海洋プレートと押しあうことで、大陸プレートの岩盤の内部にもひずみが生まれます。しばらくは壊れずに耐えていますが、限界を超えて耐えきれなくなると、大陸プレート内部の断層などを震源として地震が起きます。こうした地震を「内陸地震」または「直下型地震」といいます。

また、海洋プレートの内部でも大陸プレート内部と同じようなしくみで地震が起きています。

■ 日本列島の震源の分布

それでは、地震の起こる場所を、実際の例で見てみましょう。下の図は、東北地方を東西に切断した模式図です。赤い丸で、深さ約200kmまでの震源を示しています。

図の右上の日本海溝から、太平洋プレートが北米プレートの下に沈み込み、日本海の下へと降りていきます。このプレートの流れに沿うように震源が分布しています。これらの地震が、太平洋プレートの沈み込みにともなって発生しているものです。

太平洋プレートと北米プレートの境界付近では、海溝型地震が、太平洋プレートの内部では沈み込みにともなうひずみによって、プレート内部の地震が発生しています。

また、日本列島の直下、10～60kmあたりの比較的浅いところでも、地震が集中的に発生しています。これらは、大陸プレート内部で起きている、内陸地震（直下型地震）です。

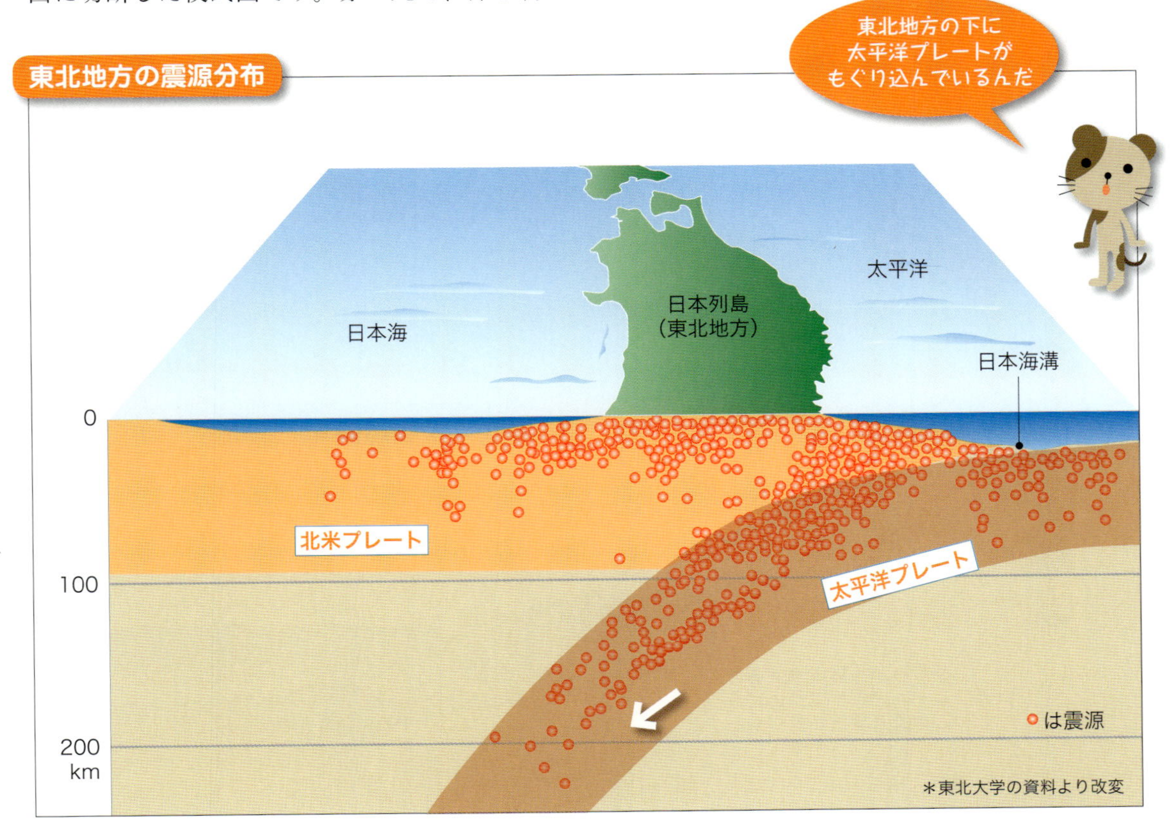

海溝型地震のしくみ

■ 2つのプレートが押しあっている

次に、海溝型地震と内陸地震それぞれのしくみや特徴を、くわしくみていきましょう。まず海溝型地震について、東日本大震災を引き起こした2011年3月11日の東北地方太平洋沖地震を例に解説します。

日本列島の東半分は、大陸プレート（北米プレート）の上にのっています。そして、大陸プレートは東側で海洋プレート（太平洋プレート）に接しています。

ふだん、2つのプレートは静かにジッとしているだけのように見えますが、じつはとても大きな力で押しあっています。腕相撲をしている2人の力が互角だと、どちらも大きな力を出しているのに動かないようすに似ています。ただし、2つのプレートはまったく動いていないわけではありません。互いに押しあいながら、海洋プレートが大陸プレートの下に少しずつ沈み込んでいます。こうしたプレートの動きにより、長い年月をかけてできたのが日本海溝です。

■ 大陸プレートがはね上がる

海洋プレートが沈み込む動きにつられて、大陸プレートも少しずつ引きずられます。このとき、大陸プレートには、引きずられる動きに反発して、元に戻ろうとする力がはたらきます。2つのプレートの境界付近には、こうした力が

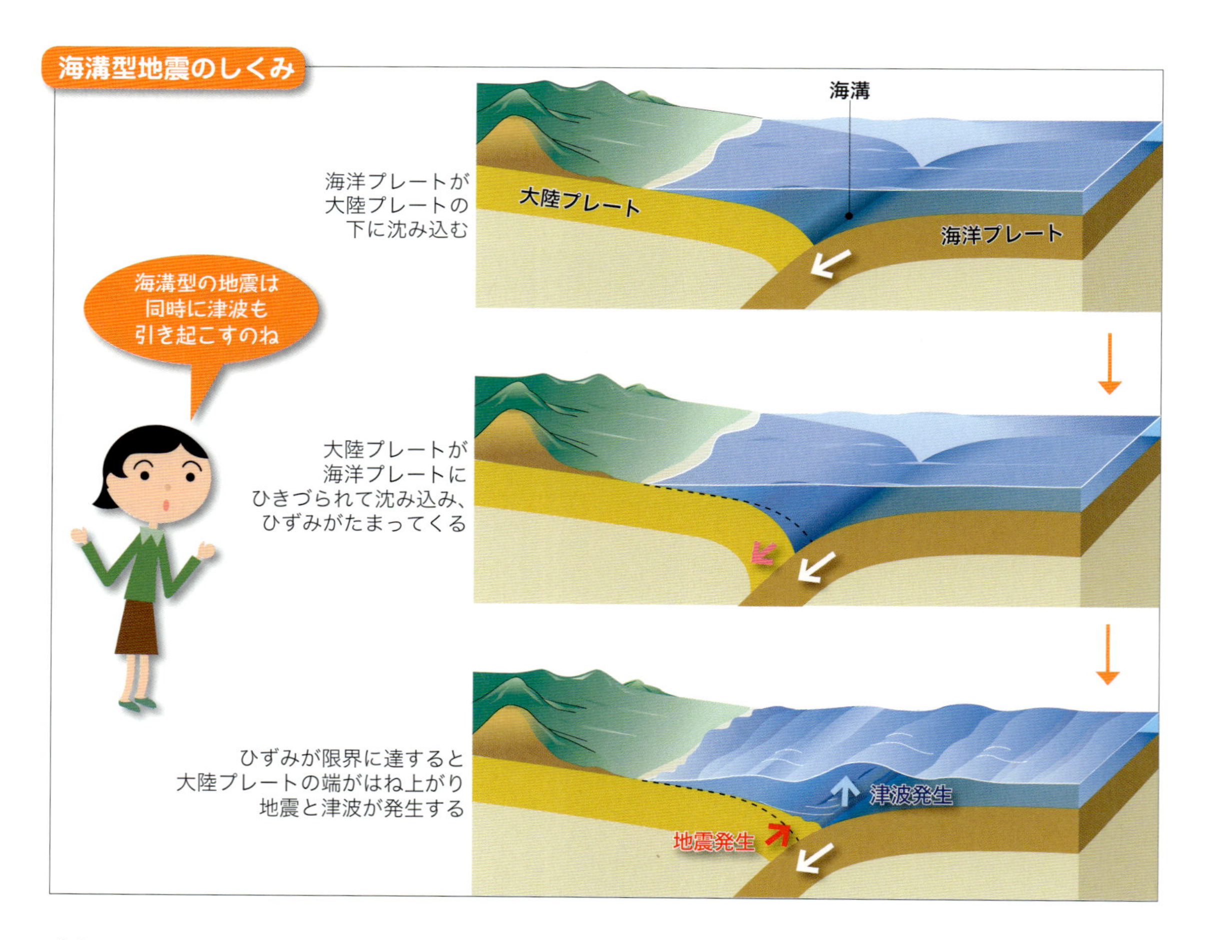

海溝型地震のしくみ
海溝
海洋プレートが
大陸プレートの
下に沈み込む
大陸プレート
海洋プレート
海溝型の地震は
同時に津波も
引き起こすのね
大陸プレートが
海洋プレートに
ひきづられて沈み込み、
ひずみがたまってくる
ひずみが限界に達すると
大陸プレートの端がはね上がり
地震と津波が発生する
津波発生
地震発生

はたらき、ひずみが生まれています。やがて限界を超えて耐えきれなくなると、それまで押さえつけられていた、大陸プレートの元に戻ろうとする力が解放されて、勢いよくはね上がります。海溝型地震とは、このように、ぎりぎりで保たれていた大陸プレートと海洋プレートの力のバランスが崩れることで、2つのプレートの境界を震源域として起きるのです。

大陸プレートがはね上がると、プレートの上にある海水が盛り上がります。こうして引き起こされるのが津波です。津波が起きやすいことは、海溝型地震の大きな特徴です。東北地方太平洋沖地震でも、大きな津波が発生して甚大な被害をもたらしました。

■ 大陸プレートが伸ばされる

ここまで大陸プレートが「はね上がる」と説明をしてきました。これは、プレートの端の部分で起きていることです。プレート全体を見ると、それ以外にもさまざまな動きが起きています。端の部分がはね上がることで、プレート全体が端に引っ張られて動き、伸ばされてしまうのです。

実際に、東北地方太平洋沖地震では、東北地方の東半分が東へ最大5mも動いたことが観測されました。また、日本の陸地面積も約0.9km²拡大したと計算されています。

さらに、東へ移動した影響で、列島の一部がやや沈んだと考えられます。こうしたプレートの変動は、東北地方太平洋沖地震にかぎらず、巨大な海溝型地震が起きた後に必ずみられる現象なのです。

■ 新たな地震の原因にも

大陸プレートが動いた影響を受けるのは、海溝型地震の直後だけではありません。引き伸ばされた大陸プレートの内部には、東西に引っ張る力が加わっているため、やがてひずみが限界に達すると、岩盤が壊れて新たな断層が生まれ、地震(内陸地震)が発生するおそれがあります。

こうした地震は、過去の地震でできた活断層ではないところが震源となるため予測が困難です。東北地方太平洋沖地震の後では、これまで地震が起きなかったような地域でも頻繁に地震が起こるようになりました。

海溝型地震は、大きな被害をもたらすだけでなく、プレートのようすを大きく変え、予測困難な地震を引き起こす原因ともなるのです。

アスペリティとは?

最近、巨大地震の原因として注目されているのが「アスペリティ」です。プレートの境界には、2つのプレートがより強くくっついている部分があると考えられます。これが「アスペリティ」です。アスペリティは、強くくっついているためなかなかくずれませんが、だからこそ、くずれた時の衝撃はとても大きくなります。東北地方太平洋沖地震も、いくつものアスペリティが連続してくずれたことが、超巨大地震の原因になったのではないかと考えられています。

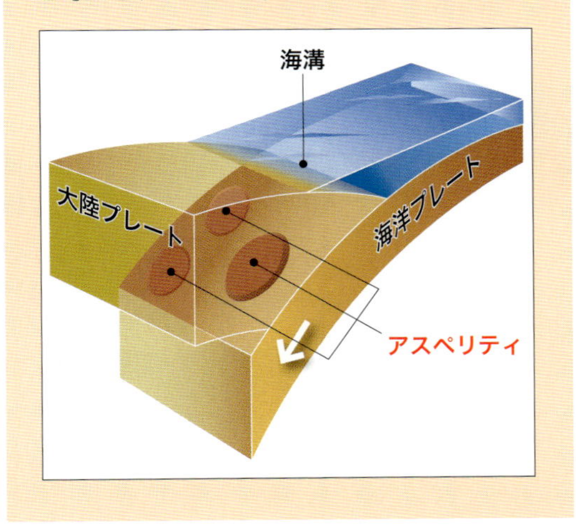

内陸地震のしくみ

■ プレート内部のひずみが原因

次に内陸地震（直下型地震）について解説しましょう。内陸地震は、大陸プレートの内部のひずみが原因で起こる地震です。プレートにさまざまな力がかかると、岩盤の内部にひずみが生まれます。ひずみができてしばらくは、岩盤は壊れずに耐えていますが、限界を超えて耐えきれなくなると、くずれて地震が起こるのです。岩盤がくずれはじめる場所（震源）が陸地（内陸）の地下（直下）になることから、「内陸地震」または「直下型地震」といいます。

■「断層」は３種類

地震によって生まれた岩盤の割れ目を「断層」といい、でき方によって３つに分けられます。

１つ目は、「引っ張りあう力」によってできる「正断層」です。岩盤が左右に引っ張られると、やがて亀裂が入ります。多くの場合、亀裂はまっすぐ縦にではなく、斜めに入ります。亀裂が入った岩盤がなおも引っ張られると、斜めの亀裂の上の方にある岩盤がずり下がる形でずれていきます。これが「正断層」です。

２つ目は、「押しあう力」によってできる「逆断層」です。岩盤が左右から押されると、やがて亀裂が入ります。この時も、多くの場合、亀裂はまっすぐではなく斜めにできます。なおも押しあう力がはたらくと、正断層の場合とは逆に、上の方にある岩盤がずり上がる形でずれていきます。これが「逆断層」です。

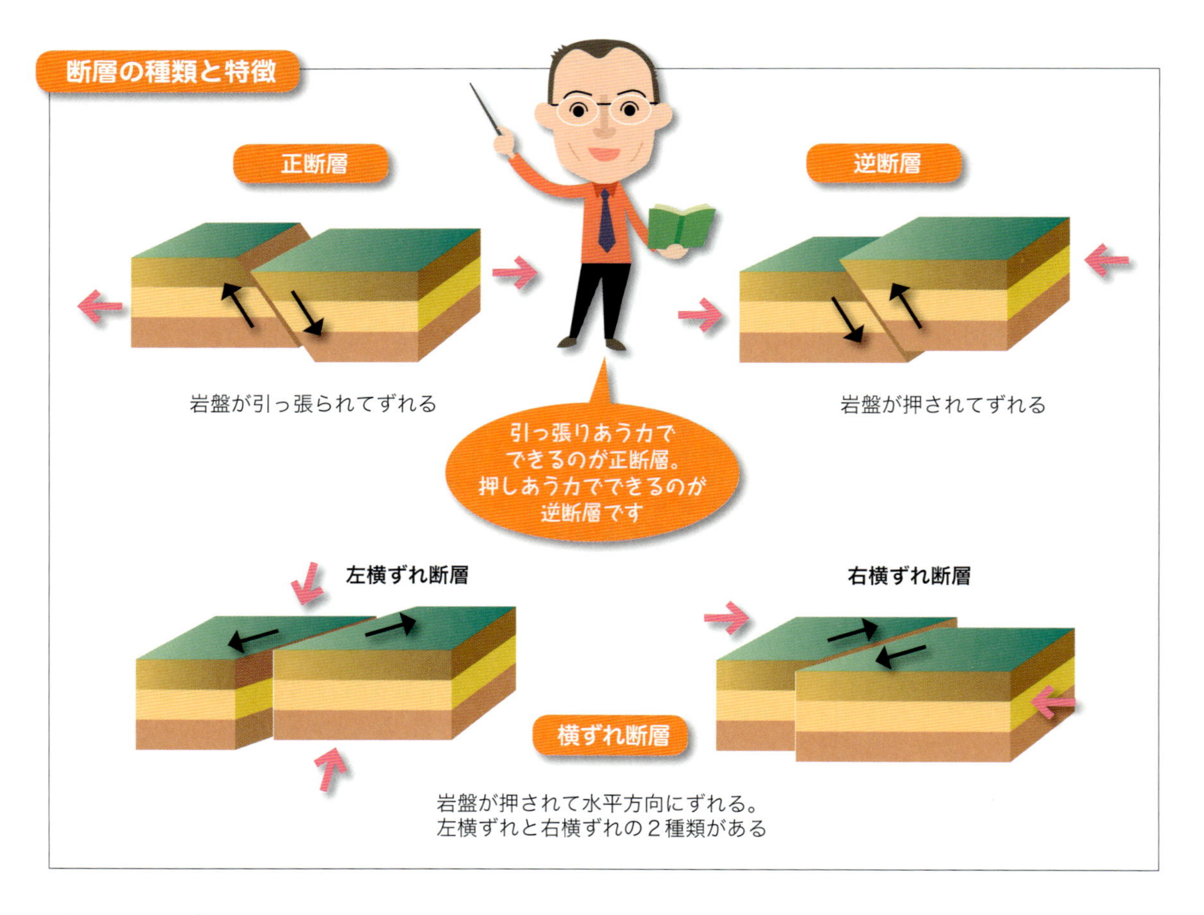

３つ目は、「ずれてはたらく力」によってできる「横ずれ断層」です。正断層や逆断層は、断層にはたらく２つの力が、一直線上で引っ張りあったり押しあったりしてできます。しかし、「横ずれ断層」は２つの力の向きがずれてはたらき、岩盤が水平方向にずれます。これが「横ずれ断層」です。ずれた２つの岩盤のうちひとつを手前においた時、向こう側のもうひとつの岩盤が右にずれていれば「右横ずれ断層」、左にずれていれば「左横ずれ断層」とよびます。

■「活断層」が新たな震源に

内陸地震によって生まれた断層は、新たな内陸地震の震源となります。

断層の割れ目は、地表にはっきりと後が残るものもありますが、多くの場合、時間がたつにつれ、崖崩れが起きたり、侵食されたりして目立たなくなります。しかし、地下には割れ目が残っています。そして、いちどずれた岩盤は、ひずみが生まれた時にいち早くくずれやすいのです。なかには、何十回も地震を引き起こし続けている断層もあります。これが「活断層」です。

活断層が地震を起こす周期は1000年から10万年に１回程度と長いのですが、それだけに予知がむずかしいといえます。

日本列島の地下には、いつ動いてもおかしくない活断層が無数に存在します。東京、大阪、名古屋、札幌、仙台、京都、神戸などの大都市の直下にもあります。こうした大都市の多くは、軟弱な地盤の上にあり、地震による被害が大きくなります。

また、内陸地震は、海溝型地震に比べて規模は小さいですが、地下の浅いところが震源となるため、地表でのゆれは大きくなります。こうしたことから、とくに大都市での直下型地震へのそなえが必要とされているのです。

活断層のできかた

岩盤の中に押す力が働く

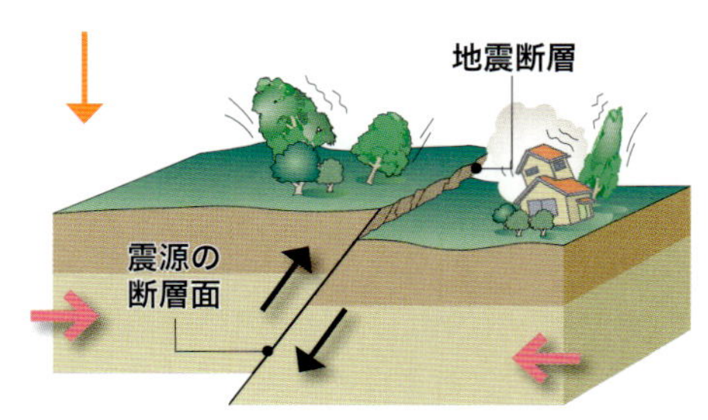

岩盤中の１点から破壊がはじまり、破壊面が急速に広がり、その面で岩盤がずれる

地表にできた地震断層が崖崩れを起こし、時間の経過とともに侵食が進む

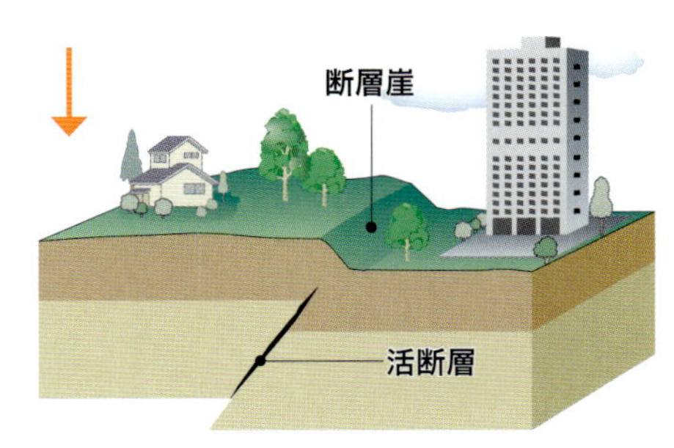

地下の活断層は次の地震の震源となる。また、複雑になった地下構造が震動を増幅させる。地表には、直線上の断層崖が残る

津波のしくみ

■ 水のかたまりが海水面を移動

海溝型地震の大きな特徴として、津波が起きやすいことを紹介しました。2011年3月、東日本大震災を引き起こした東北地方太平洋沖地震では、巨大な津波が発生して、東北地方から関東地方北部の太平洋沿岸を襲いました。震災による死者・行方不明者のほとんどが、津波によるものです。福島第一原子力発電所の事故も、津波が原因で起きました。それほどの被害をもたらす津波がどのように起きるのか、そのしくみをみていきましょう。

海溝型地震が起こると、大陸プレートの端の部分が勢いよくはね上がります。これによって、プレートの上にある海水が上昇し、海水面が一部分だけ盛り上がります。海水面には、凸凹ができると、なるべく平らに保とうとする力がはたらきます。その結果、盛り上がった部分が巨大な水のかたまりとなって海水面を水平に動きはじめます。これが津波です。また、大陸プレートがはね上がるのではなく、海底が陥没して津波を引き起こす場合もあります。

津波をもたらす水のかたまりはいくつもできます。そして、津波には、水深が深いほどスピードが速く、浅いほど遅くなる性質があります。陸地に近づくほど水深は浅くなりますから、津波のスピードは遅くなります。その結果、後からきた津波に追いつかれ、さらに大きなかたまりになって、沿岸部を襲うのです。

津波(tsunami)は世界共通語

日本では、地震など海底地形の変動による大波を「津波」とよんできました。これは、入り江や港（津）で急に大波となって襲ってくる特徴をよくとらえた言葉でした。

英語ではもともと「tidal wave（タイダル ウエーブ）」といっていましたが、1946年のハワイ沖の津波の際、日系人が使う「津波」という言葉が知られると、「tidal wave」が潮汐（ちょうせき）による波という意味だったことから、これと区別するため、「tsunami」が用いられるようになりました。そして、2004年のスマトラ島沖地震の津波で、「tsunami」が世界中に広まりました。

■「押し波」と「引き波」

津波が大きくなりながら沿岸に到着すると、大量の海水が陸地を上っていきます。これを「押し波」といいます。上りきってしまった後、大量の水は逆に海の方へと戻っていきます。これを「引き波」といいます。

震源付近で海底が陥没する地震では、押し波の前に、沿岸の海水面が低くなる「引き潮」の状態になることもあります。こうしたことから、「津波の前には潮が引く」という言い伝えもありますが、そうとはかぎりません。まずはいきなりくる押し波に、十分な警戒が必要です。

津波は沿岸近くにやってくると、海底の地形や海岸線の形などの影響を受け、回り込んだりはね返ったり、複雑な動きをします。その結果、隣り合った場所でも、津波の大きさや被害状況に著しい違いがみられることがあります。

津波のしくみ

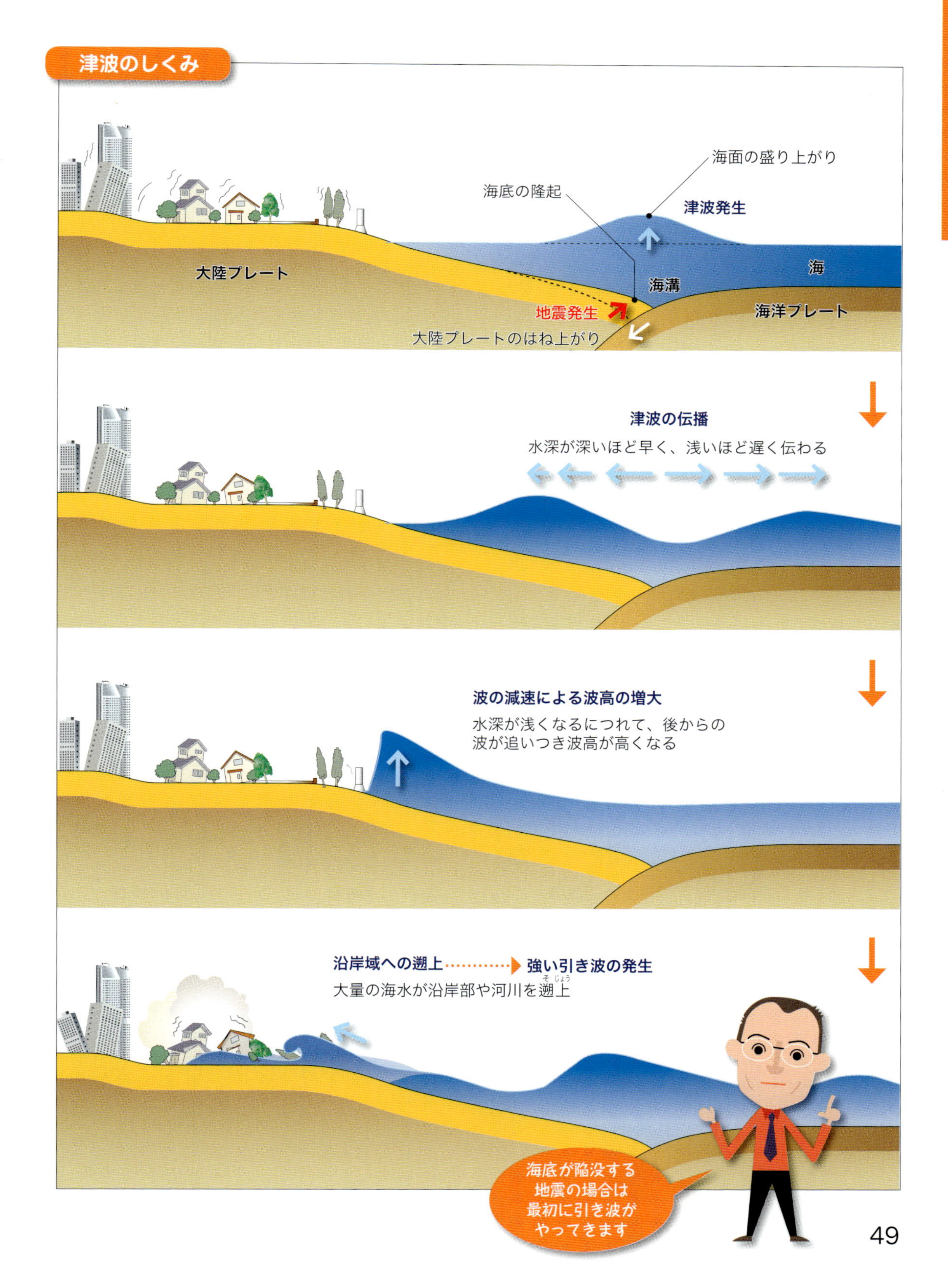

海面の盛り上がり
海底の隆起
津波発生
大陸プレート
海
海溝
地震発生
海洋プレート
大陸プレートのはね上がり
津波の伝播
水深が深いほど早く、浅いほど遅く伝わる
波の減速による波高の増大
水深が浅くなるにつれて、後からの
波が追いつき波高が高くなる
沿岸域への遡上
強い引き波の発生
大量の海水が沿岸部や河川を遡上
海底が陥没する
地震の場合は
最初に引き波が
やってきます

■ 100 m 10 秒の速さで

日本列島を襲う津波は、すべてが日本の近くで起こる地震によって発生するわけではありません。1960 年に地球の反対側で起きたチリ地震では、地震が起きてから 22.5 時間後、津波が地球を半周して日本列島に到達し、東北地方の三陸海岸では 6m を超える津波となって、約 15 万人が被災しました。

地球の裏側で起きた津波がどうしてはるばる日本にまでやってくるのか。これには先ほど紹介した、津波の「水深が深いほどスピードは速く、浅いほど遅くなる性質」が関係しています。

チリと日本列島の間に広がる太平洋は、深いところでは水深 4000 ～ 5000m もあります。富士山がすっぽりと沈んでしまうほどの深さです。それほどの深さでは、津波のスピードは驚くほど増し、時速 700 ～ 800km と、ジェット機並みのスピードになります。津波は、そんなスピードで太平洋を横断し、日本列島に到着したというわけです。

では、沿岸に到達した津波はどれくらいのスピードがあるのでしょうか。陸地が近づき、水深が浅くなるにつれてスピードは遅くなるとはいえ、水深 500m なら新幹線並みの時速約 250km、水深 100m なら自動車並みの時速約 100km あります。水深 10m でも時速約 36km です。ここでいう水深とは、波の頂点までの高さのことですから、沿岸に到達した津波の高さが 10m あれば、時速約 36km となります。これは 100m なら約 10 秒で駆け抜ける、短距離のオリンピック選手並みの速さです。津波がきてから逃げようとしても、とても逃げきれるものではありません。

■ 陸地へ引き寄せられる津波

海溝型地震が起きて津波が発生する時、水のかたまりはいくつもできます。そのすべてが陸地に向かうわけではなく、四方八方に向かって進みます。ところが、そのうちの多くは、最終的には進路を曲げて陸地に向かってしまいます。すべての津波のエネルギーの 4 分の 3 が陸

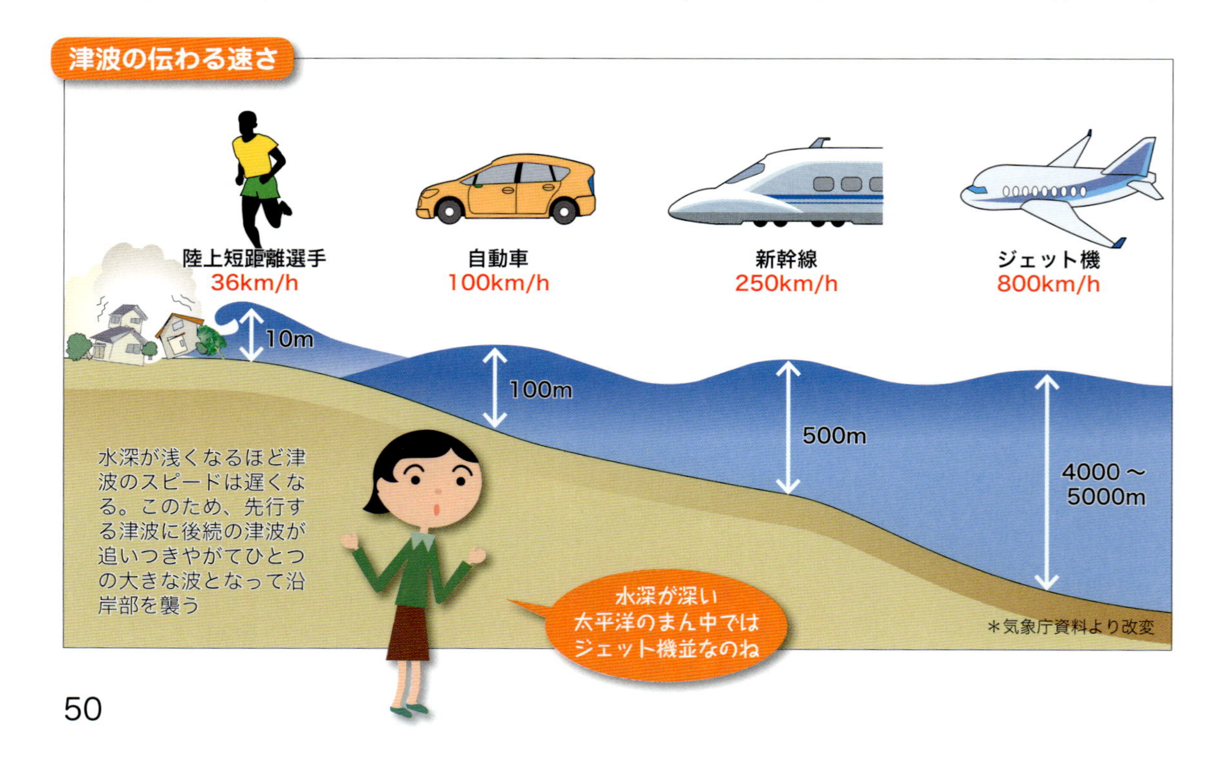

津波の伝わる速さ
陸上短距離選手
36km/h
自動車
100km/h
新幹線
250km/h
ジェット機
800km/h
10m
100m
500m
4000 ～ 5000m
水深が浅くなるほど津波のスピードは遅くなる。このため、先行する津波に後続の津波が追いつきやがてひとつの大きな波となって沿岸部を襲う
水深が深い太平洋のまん中ではジェット機並なのね
＊気象庁資料より改変

地に向かう場合もあるほどです。これはなぜでしょうか。

実は津波には、「ほかにスピードの遅い津波があると、そちらに向かって進路を曲げる」という性質もあります。津波は、水深が浅くなるほどスピードが遅くなるのですから、スピードの遅い津波は、陸地に近いところほど多いことになります。このため、多くの津波が、陸地の方に引き寄せられてしまうのです。

■ 日本列島は「津波列島」

東日本大震災の津波による被害があまりにも大きかったことから、津波は日本列島の太平洋側で起こるものと思われがちです。しかし、日本列島周辺の海には、プレートとプレートとがぶつかり、海溝型地震が起こる可能性のある領域はほかにいくつもあります。実際に、これまで、そうした場所を震源とする地震により、大きな津波が発生しています。

1993年の北海道南西沖地震では、日本海の奥尻島に最大で高さ約30mもの津波が到達し、大きな被害をもたらしました。この地震の震源は、日本海の、ユーラシアプレートが北米プレートに沈み込む地点にあることから、津波は、東北地方太平洋沖地震と同じように、プレートとプレートとが押しあった結果、発生したと考えられます。マグニチュードは7.8で、東北地方太平洋沖地震（M 9.0）に比べると32分の1以下ですが、震源が陸地に近かったため、津波の到達が早く、避難ができずに被害が大きくなったとみられています。

また、日本列島の西側の太平洋沖でも、フィリピン海プレートがユーラシアプレートに沈み込む南海トラフなど、地震にともなって津波が発生する危険性が高い場所はいくつもあります。日本列島は地震列島や火山列島であると同時に、「津波列島」でもあるのです。

津波と高波の違い

津波と似た現象に「高波」があります。大きな波が発生するのは津波と同じですが、そのでき方はまったく違います。津波の原因は、地震による大陸プレートのはね上がりなど、海底地形の急激な変動が原因です。

一方、高波の原因は、海水面を吹く風です。台風などで強い風が起こると、海水があおられて回転運動を起こします。それが隣り合った部分にも伝わって、大きな波となるのです。

津波は、回転運動は起きず、海水面を水平に移動していきます。

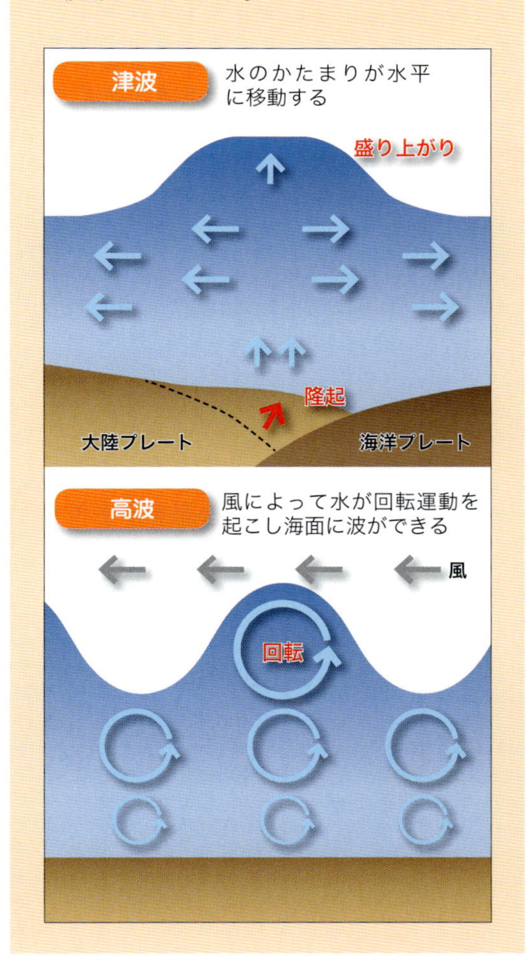

大災害をもたらした地震・津波

■ 地震災害の歴史

　複雑に入り組んだプレートの上にある日本列島は、繰り返し地震や津波がやってくる宿命にあります。

　下の図を見てください。これは、マグニチュード１以上を観測した地震について、地震の発生場所やその規模などを示した地図です。ずいぶんとたくさんの地震が記録されていますが、実はこれはたった１日、24時間の記録なのです。毎日これだけの地震が起きている日本列島に私たちはくらしているのです。

　これらの地震はむろん今にはじまったことではありません。列島ができたときから、延々と繰り返されてきたのです。そして私たちの祖先は、時に大きな災害をもたらす地震と営々とつきあってきたのです。

　際限もなく繰り返される被災の歴史が、私たち日本人の自然観・人生観に大きな影響をあたえてきただろうことは、想像にかたくありません。

　ここからは、有史以来の主な被害地震・津波をみていきながら、あらためて日本列島の宿命を考えてみましょう。

　右の年表は、「理科年表」や気象庁資料をもとに、日本の歴史がはじまってからの、おおむねマグニチュード７を超える地震、被害の大きかった地震を選び出して、被害状況などをまとめたものです。実に頻繁に、そして日本列島のあらゆる場所で大きな地震災害が起きていることがわかります。

　先人たちの苦労をしのびながら、日本列島の地震災害史を振り返ってみましょう。

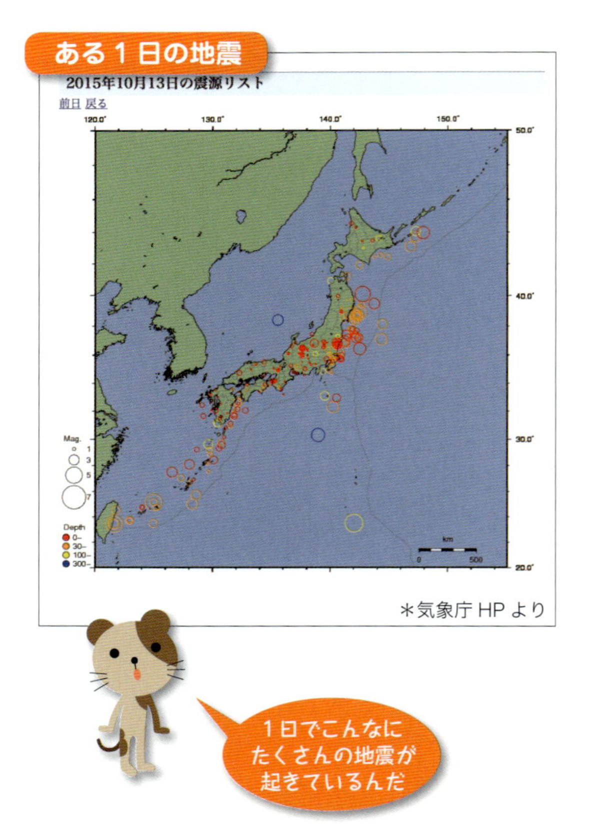

＊気象庁 HP より

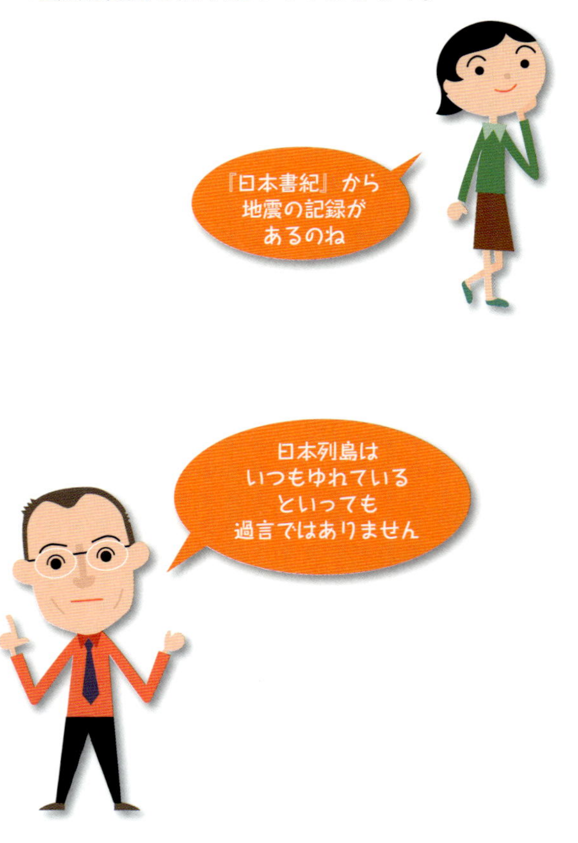

日本列島地震災害年表

西暦（和暦）	マグニチュード	地域［地震名］	被害状況など
416年8月23日（允恭5.7.14）	?	**大和**（遠飛鳥宮付近）	『日本書紀』に「地震」の記述。被害の記述はない。わが国最古の地震の記録。
599年5月28日（推古7.4.27）	**7.0**	**大和**	「日本書紀」に倒壊家屋の記述。わが国最古の地震被害の記録。
684年11月29日（天武13.10.14）	**8 1/4**	**土佐その他南海・東海・西海地方**	南海トラフ沿いの巨大地震。山崩れ、河湧き、家屋社寺の倒壊、死傷多数。津波の被害甚大。
715年7月4日（霊亀1.5.25）	**6.5～7.5**	**遠江**	山崩れが天竜川をふさぐ。数十日後に決壊。
745年6月5日（天平17.4.27）	**7.9**	**美濃**	寺社、民家の倒壊多数。摂津でも20日間余震が続いた。
818年--月--日（弘仁9.7.--）	**7.5**以上	**関東諸国**	山崩れや谷が埋まること数里。死者多数。洪水があったとも。
830年2月3日（天長7.1.3）	**7.0～7.5**	**出羽**	秋田の城郭、寺社などことごとく倒壊。死者15、負傷100余。地割れ多く、川の氾濫も。
869年7月13日（貞観11.5.26）	**8.3**	**三陸沿岸**［貞観（じょうがん）の三陸沖地震］	城の建物、石垣など、倒壊・崩落多数。津波が多賀城下を襲い、溺死者約1000。
878年11月1日（元慶2.9.29）	**7.4**	**関東諸国**	相模・武蔵に甚大な被害。5～6日震動が続く。ほとんどの建物が被害を受け、圧死多数。
887年8月26日（仁和3.7.30）	**8.0～8.5**	**五畿・七道**	京都で官舎・民家の倒壊多く圧死多数。沿岸を津波が襲う。南海トラフ沿いの巨大地震。
1096年12月17日（永長1.11.24）	**8.0～8.5**	**畿内・東海道**	大極殿小破、東大寺の巨鐘落下。京都の諸寺に被害。伊勢・駿河に津波。東海沖巨大地震。
1099年2月22日（康和1.1.24）	**8.0～8.3**	**南海道・畿内**	興福寺、摂津天王寺で被害。土佐で広域の田が海に沈む。津波が襲ったもよう。
1185年8月13日（文治1.7.9）	**7.4**	**近江・山城・大和**	京都、とくに白河付近の被害大。寺社、家屋の倒壊多く、死者多数。宇治橋崩壊。
1257年10月9日（正嘉1.8.23）	**7.0～7.5**	**関東南部**	鎌倉のほとんどの寺社が被害。山崩れ、地割れ、湧水など多数。余震多数。
1293年5月27日（永仁1.4.13）	**7.0**	**鎌倉**	鎌倉強震。建長寺炎上のほか諸寺に被害。死者数千あるいは2万3000余とも。余震多数。
1360年11月22日（正平15.10.5）	**7.5～8.0**	**紀伊・摂津**	和暦10月4日に大震、5日に再震、6日に津波が熊野尾鷲から摂津兵庫まで襲う。人馬牛の死多数。
1361年8月3日（正平16.6.24）	**8 1/4～8.5**	**畿内・土佐・阿波**	摂津天王寺の金堂転倒し、圧死5。津波が摂津・阿波・土佐を襲う。南海トラフ沿いの巨大地震。
1408年1月21日（応永14.12.14）	**7.0～8.0**	**紀伊・伊勢**	熊野本宮の温泉が80日間止まる。紀伊・伊勢・鎌倉で津波とも。
1498年7月9日（明応7.6.11）	**7.0～7.5**	**日向灘**	九州で山崩れ、地割れ、泥湧出。民家倒壊により死者多数。
1498年9月20日（明応7.8.25）	**8.2～8.4**	**東海道全域**	紀伊から房総にかけ地震・津波。静岡県志太郡で流死2万6000など。南海トラフ沿いの巨大地震。
1520年4月4日（永正17.3.7）	**7.0～7 3/4**	**紀伊・京都**	熊野・那智の寺院破壊。津波で民家流失。京都御所の築地弊損壊。
1586年1月18日（天正13.11.29）	**7.8**	**畿内・東海・東山・北陸諸道**	飛騨白川谷で大山崩れ、帰雲山城、民家300余埋没、死者多数。広域で被害、余震は翌年まで。

「元禄地震」の４年後に
「宝永地震」と富士山の
「宝永噴火」が起きたんだ

西暦（和暦）	マグニチュード	地域［地震名］	被害状況など
1596年９月１日（慶長1.閏7.9）	7.0	豊後	高崎山が崩れ、神社など倒壊。津波が別府湾岸を襲い、大分で家屋のほとんどが流失。死者708という。
1596年９月５日（慶長1.閏7.13）	$7\frac{1}{2}$	畿内	伏見城天守大破、石垣崩壊で圧死約500。寺社、民家の倒壊多く、死傷多数。余震翌年４月まで。
1605年２月３日（慶長9.12.16）	7.9	東海・南海・西海諸道［慶長地震］	津波が犬吠崎から九州まで襲い、紀伊西岸広村で700戸流失など、各地に甚大な被害。
1611年９月27日（慶長16.8.21）	6.9	会津	会津城下と周縁で寺社・民家の被害甚大。死者3700余。山崩れが会津川・只見川をふさぎ、多数の沼ができる。
1611年12月２日（慶長16.10.28）	8.1	三陸沿岸・北海道東岸［慶長の三陸沖地震］	地震被害は小さいが津波被害が大。伊達領内で死者1783、南部・津軽で人馬の死3000余。
1662年６月16日（寛文2.5.1）	$7\frac{1}{4}$～7.6	山城・大和・河内・和泉・摂津・丹後・若狭・近江・美濃・伊勢・駿河・三河・信濃	比良岳付近の被害が甚大。各地で家屋の倒壊などによる死者多数。大きな内陸地震。
1662年10月31日（寛文2.9.20）	$7\frac{1}{2}$～$7\frac{3}{4}$	日向・大隅	日向灘沿岸に被害。城の破損、家屋の倒壊多数。宮崎県沿岸が７か村にわたり陥没して海となる。
1666年２月１日（寛文5.12.27）	$6\frac{3}{4}$	越後西部	５ｍほどの積雪のときに地震。高田城が破損、武家屋敷・民家の倒壊多数。夜に火災。死者約1500。
1677年４月13日（延宝5.3.12）	7.9	陸中・陸奥［延宝の三陸沖地震］	八戸、盛岡で家屋の倒壊など。三陸一帯に津波。宮古代官所管内で家屋流失35。
1677年11月４日（延宝5.10.9）	8.0	磐城・常陸・安房・上総・下総	月初より地震多数。磐城から房総にかけて津波。房総で溺死246など、各地に被害。
1678年10月２日（延宝6.8.17）	7.5	陸中・出羽	花巻で城の石垣崩落。白石城の石垣崩落。秋田、米沢で家屋に被害。
1686年１月４日（貞享2.12.10）	7.0～7.4	安芸・伊予	広島県中西部を中心に家屋などに被害多数。宮嶋・萩・岩国・松山・三原などで被害。
1694年６月19日（元禄7.5.27）	7.0	能代付近	能代は壊滅的被害。家屋崩れ1273、焼失859、死者394。秋田・弘前でも被害。
1703年12月31日（元禄16.11.23）	7.9～8.2	江戸・関東諸国［元禄地震］	相模・武蔵・上総・安房で震度大。とくに小田原の被害甚大、城下全滅、12か所から出火、壊家8000以上、死者2300以上。東海道は川崎から小田原までほぼ全滅。江戸・鎌倉でも被害大。津波が犬吠崎から下田の沿岸を襲い、死者数千。1923年関東地震に似た相模トラフ沿いの巨大地震。
1707年10月28日（宝永4.10.4）	8.6	五畿・七道［宝永地震］	わが国最大級の地震のひとつ。全体で少なくとも死者２万、潰家６万、流出家２万。地震の被害は東海道・伊勢湾・紀伊半島で激しく、津波は紀伊半島から九州までの太平洋岸や瀬戸内海を襲った。津波被害は土佐が最大。
1717年５月13日（享保2.4.3）	7.5	仙台・花巻	仙台城の石垣崩落。花巻で家屋の損壊多数。地割れ、泥の噴出。
1751年５月21日（宝暦1.4.26）	7.0～7.4	越後・越中	高田城が破損。鉢崎・糸魚川間の谷で山崩れ多く、圧死多数。全体で死者1500以上。
1763年１月29日（宝暦12.12.16）	7.4	陸奥八戸	寺院、民家が破損。平館で家屋倒壊、死者３。函館でも強いゆれ。
1763年３月11日（宝暦13.1.27）	7.3	陸奥八戸［宝暦の八戸沖地震］	和暦前年12月の地震から震動がやまず、この日に強震。建物の被害多数。
1766年３月８日（明和3.1.28）	$7\frac{1}{4}$	津軽	弘前城破損。津軽領内、潰家5000余、焼失200余、圧死約1000、焼死約300。

「善光寺地震」はご開帳で全国からたくさんの参詣客が集まっていた夜に起こりました

西暦（和暦）	マグニチュード	地域［地震名］	被害状況など
1769年8月29日（明和6.7.28）	7 3/4	日向・豊後・肥後	延岡城、大分城で被害、寺社、民家の破損多数。津波も発生。
1771年4月24日（明和8.3.10）	7.4	八重山・宮古両群島［八重山地震津波］	津波により全体で家屋流失2000余、溺死約1万2000。とくに石垣島で被害大。
1792年5月21日（寛政4.4.1）	6.4	雲仙岳	前年からの地震で山崩れ多数。この日の地震で前山が崩落、島原海に入り津波を起こす。対岸の肥後でも被害。津波による死者、全体で1万5000。
1792年6月13日（寛政4.4.24）	7.1	後志	忍路で津波被害。岸壁が崩落、出漁中の漁師5人溺死。
1793年2月8日（寛政4.12.28）	6.9～7.1	西津軽	鰺ヶ沢・深浦で被害甚大。全体で潰家154、死者12など。沿岸が最高で3.5m隆起。
1793年2月17日（寛政5.1.7）	8.2	陸前・陸中・磐城	仙台領内で、家屋損壊1000余、死者12。津波による潰家・流失1730余、死者44以上。
1819年8月2日（文政2.6.12）	7 1/4	伊勢・美濃・近江	近江八幡で潰家82、死者5。揖斐川下流の多度では40戸全滅、金廻では圧死70など。
1828年12月18日（文政11.11.12）	6.9	越後	信濃川流域の三条・見付・今町・与板などで被害甚大。全壊9808、焼失1204、死者1443。
1833年12月7日（天保4.10.26）	7 1/2	羽前・羽後・越後・佐渡	庄内地方の被害甚大。潰家475、死者42。津波で能登では流失家屋約345、死者約100。
1843年4月25日（天保14.3.26）	7.5	釧路・根室	厚岸国泰寺で被害。津波により、死者46、家屋損壊76。江戸でもゆれを感じた。
1847年5月8日（弘化4.3.24）	7.4	信濃北部および越後西部［善光寺地震］	高田（上越市）から松本にいたる地域で被害甚大。松代領で潰家9550、死者2695。飯山領で潰家1977、死者586。善光寺領で潰家2285、死者2486など。善光寺の参詣人7000～8000人のうち生存者は約1割という。
1854年7月9日（安政1.6.15）	7 1/4	伊賀・伊勢・大和および隣国	上野付近で潰家2000余、死者約600。奈良で潰家700以上、死者約300など。
1854年12月23日（安政1.11.4）	8.4	東海・東山・南海諸道［安政東海地震］	被害は関東から近畿に及び、とりわけ沼津から伊勢湾にかけての海岸の被害が激甚。津波が房総から土佐までを襲い、被害を拡大した。家屋の潰・焼失約3万、死者2000～3000。
1854年12月24日（安政1.11.5）	8.4	畿内・東海・東山・北陸・南海・山陰・山陽道［安政南海地震］	「安政東海地震」の32時間後に発生。近畿地方ではこの2つの地震の被害を区別しにくい。被害地域は中部から九州に及び、津波の被害が大きい。波高は、串本で15m、久礼で16mなど。死者は数千に。
1854年12月26日（安政1.11.7）	7.3～7.5	伊予西部・豊後	「南海地震」の被害との区別が困難。伊予大洲・吉田で潰家、鶴崎で家屋の倒壊100。
1855年9月13日（安政2.8.3）	7.3	陸前	仙台で屋敷の石垣、寺社の石塔、灯籠が崩落。山形県・岩手県南部などでもゆれを感じる。
1855年11月7日（安政2.9.28）	7.0～7.5	遠州灘	「安政東海地震」の最大の余震。掛塚、下前野、袋井、掛川付近の被害が甚大。津波も。
1855年11月11日（安政2.10.2）	7.0～7.1	江戸および付近［江戸地震］	町方の被害は、潰・焼失家屋1万4000余、死者4000余。武家方では死者約2600など。
1856年8月23日（安政3.7.23）	7.5	日高・胆振・渡島・津軽・南部［安政の八戸沖地震］	地震の被害は小さいが、津波が三陸から北海道南岸を襲った。南部藩で、潰・流失家屋199、溺死26など。余震も多かった。

「安政東海地震」の32時間後に「安政南海地震」が起きたんだ

岐阜の「根尾谷断層」は
「濃尾地震」でできたのね

西暦（和暦）	マグニチュード	地域［地震名］	被害状況など
1857年10月12日 (安政4.8.25)	7 1/4	**伊予・安芸**	今治で城が損壊、郷町で潰家3、死者1。宇和島、松山、広島などでも被害。
1858年4月9日 (安政5.2.26)	7.0～7.1	**飛騨・越中・加賀・越前** ［飛越地震］	飛騨北部、越中で被害甚大。飛騨で潰家319、死者203。常願寺川の上流で山崩れにより川がせき止められ、後の決壊で潰・流家屋1600余、溺死140。
1858年7月8日 (安政5.5.28)	7.3	**八戸・三戸**	八戸･三戸で土蔵や橋などが損壊。青森、弘前、陸奥、田名部、鰺ヶ沢、秋田で強いゆれ。
1861年10月21日 (文久1.9.18)	7.3	**陸前・磐城**	陸前の遠田、志田、登米、桃生の各郡で被害大。江戸や北海道の長万部でもゆれを感じた。
1872年3月14日 (明治5.2.6)	7.1	**石見・出雲** ［浜田地震］	1週間ほど前から鳴動があり、当日は前震も。全体で、潰家約5000、死者約550。
1891年10月28日 (明治24)	8.0	**岐阜県西部** ［濃尾地震］	仙台以南の全国でゆれを感じた。わが国の内陸地震としては最大。家屋の全壊14万余、死者7273、山崩れ1万余。上下に6mずれた「根尾谷断層」ができた。
1893年6月4日 (明治26)	7 3/4	**色丹島沖**	択捉島で岩石の崩壊。色丹島で2.5mの津波など。
1894年3月22日 (明治27)	7.9	**根室沖**	根室・厚岸で家屋などに被害。死者1、潰家12。宮古に4mの津波。
1894年10月22日 (明治27)	7.0	**山形県北西部** ［庄内地震］	庄内平野に被害集中。山形県下で全壊3858、全焼2148。死者726。
1895年1月18日 (明治28)	7.2	**茨城県南部**	北海道・四国・中国の一部までゆれを感じた。関東の東半分に被害。家屋・土蔵の全壊53、死者6。
1896年6月15日 (明治29)	8.2	**三陸沖** ［三陸沖地震］	地震の被害はない。津波が北海道から牡鹿半島を襲い、死者2万1959。家屋の流失・全半潰8000～9000。船の被害約7000。波高は綾里で38.2mに達した。
1896年8月31日 (明治29)	7.2	**秋田県東部** ［陸羽地震］	秋田県仙北郡・平鹿郡、岩手県西和賀郡・稗貫郡で被害大。両県で全壊5792、死者209。
1897年2月20日 (明治30)	7.4	**宮城県沖** ［宮城県沖地震］	岩手・山形・宮城・福島で被害。一ノ関で家屋大破60など。
1897年8月5日 (明治30)	7.7	**宮城県沖**	津波により三陸沿岸で被害。波高は岩手県盛で3m、釜石で1.2m。
1898年4月23日 (明治31)	7.2	**宮城県沖**	岩手・宮城・福島・青森で被害。花巻で土蔵全壊。小津波発生。
1899年11月25日 (明治32)	7.1	**宮崎県沖**	宮崎・大分で被害。
1901年8月9.10日 (明治34)	7.2, 7.4	**青森県東方沖**	青森県で死傷18、潰家8。秋田・岩手でも被害。宮古に0.6mの津波。
1905年6月2日 (明治38)	7 1/4	**安芸灘** ［芸予地震］	広島・呉・松山付近で被害大。広島県で家屋全壊56、死者11。愛媛県で家屋全壊8。
1909年3月13日 (明治42)	6.7, 7.5	**房総半島沖**	後の地震が強く、横浜で煙突や煉瓦塀などが崩落。
1909年11月10日 (明治42)	7.6	**宮崎県西部**	宮崎・大分・鹿児島・高知・岡山・広島・熊本で被害。とくに宮崎市付近の被害大。
1911年6月15日 (明治44)	8.0	**奄美大島付近** ［喜界島地震］	喜界島・沖縄島・奄美大島で被害。家屋全壊422、死者12。この地域最大の地震。有感域は中部地方まで。

「関東大震災」は
昼の12時直前に発生。
火を使っていた家庭が多く
各所で火災が起きました

西暦（和暦）	マグニチュード	地域［地震名］	被害状況など
1914年1月12日（大正3）	7.1	鹿児島中部［桜島地震］	桜島噴火にともなう地震。鹿児島で家屋全壊39、死者13。鹿児島郡では死者22余。小津波も。
1914年3月15日（大正3）	7.1	秋田県南部［仙北地震］	仙北郡で被害甚大。全体で家屋全壊640、死者94、山崩れや地割れ多数。
1918年9月8日（大正7）	8.0	ウルップ島沖	沼津までゆれを感じた。ウルップ島岩美湾で津波の波高6～12m、溺死24。
1922年12月8日（大正11）	6.9, 6.5	橘湾［島原（千々石湾）地震］	島原半島南部・天草・熊本市方面で被害。全壊654、長崎県で死者26。
1923年9月1日（大正12）	7.9	神奈川県西部［関東地震］	「関東大震災」。東京で最大振幅14～20cmを観測。地震後の火災が被害を拡大。死者・不明者10万5000余、家屋全壊10万9000余、焼失21万2000余（全半壊後の焼失を含む）。山崩れ・がけ崩れ多数。関東沿岸に津波。波高は熱海で12m、相浜で9.3mなど。
1924年1月15日（大正13）	7.3	神奈川県西部［丹沢地震］	東京・神奈川・山梨・静岡に被害。家屋全壊1200余、死者19。とくに神奈川県中南部の被害甚大。
1925年5月23日（大正14）	6.8	兵庫県北部［但馬地震］	円山川流域の被害大。家屋全壊1295、焼失2180。死者428。葛野川の河口が陥没して海に。
1927年3月7日（昭和2）	7.3	京都府北部［北丹後地震］	丹後半島頸部の被害が大きく、淡路・福井・岡山・米子・徳島・三重・香川・大阪に及ぶ。全体で、全壊1万2584、死者2925。郷村断層（水平ずれ最大2.7m、長さ18km）などを生じた。
1930年11月26日（昭和5）	7.3	静岡県伊豆地方［北伊豆地震］	2～5月に群発地震、11月11日より前震。家屋全壊2165、死者272。山崩れ・がけ崩れ多数。丹那断層（横ずれ最大2～3m、長さ35km）などを生ずる。
1931年11月2日（昭和6）	7.1	日向灘	宮崎県で家屋全壊4、死者1。鹿児島県で家屋全壊1。室戸で0.85mの津波。
1933年3月3日（昭和8）	8.1	三陸沖［三陸沖地震］	地震の被害は少なかった。太平洋岸を津波が襲い、三陸沿岸で被害甚大。死者・不明3064、家屋の流出4034、倒壊1817、浸水4018。波高は綾里湾で28.7mを記録。
1936年11月3日（昭和11）	7.4	宮城県沖［宮城県沖地震］	宮城・福島で被害。小津波も。
1938年6月10日（昭和13）	7.2	東シナ海	津波が襲い、平良港で桟橋流出、帆船に被害。
1938年11月5.6日（昭和13）	7.5, 7.3, 7.4	福島県沖［福島県沖地震］	この後年末までM7クラスの地震が多発。福島県で全壊20、死者1。小名浜・鮎川などで約1mの津波。
1939年5月1日（昭和14）	6.8	秋田県沿岸北部［男鹿地震］	2分後にもM6.7の地震。半島の頸部で被害。家屋全壊479、死者27。半島西部が最大44cm隆起。
1940年8月2日（昭和15）	7.5	北海道北西沖［積丹半島沖地震］	地震の被害はほぼない。津波による被害が大きく、天塩河口で溺死10。波高は利尻で3mなど。
1941年11月19日（昭和16）	7.2	日向灘	大分・宮崎・熊本で被害。家屋全壊27、死者2。九州東岸・四国西岸に津波。
1943年9月10日（昭和18）	7.2	鳥取県東部［鳥取地震］	鳥取市を中心に被害甚大。家屋全壊7485、死者1083。鹿野断層（長さ8km）などを生じた。
1944年12月7日（昭和19）	7.9	紀伊半島沖［東南海地震］	静岡・愛知・三重などで、家屋全壊1万7599、流失3129、死者・不明1223。各地を津波が襲い、波高は熊野灘沿岸で6～8m、遠州灘沿岸で1～2m。紀伊半島東岸で地盤が30～40cm沈下。

チリの巨大地震による
津波が太平洋を渡って
三陸を襲ったんだ

西暦（和暦）	マグニチュード	地域［地震名］	被害状況など
1945年2月10日（昭和20）	7.1	青森県東方沖	青森県で家屋の倒壊2、死者2。
1946年12月21日（昭和21）	8.0	紀伊半島沖［南海地震］	中部以西の各地に被害。死者1330、家屋全壊1万1591。静岡県から九州に至る沿岸を津波が襲った。
1947年9月27日（昭和22）	7.4	与那国島近海	石垣島で死者1。西表島で死者4。
1948年6月28日（昭和23）	7.1	福井県嶺北地方［福井地震］	被害は福井平野とその近辺に集中。家屋全壊3万6184、焼失3851。死者3769。南北に長さ25kmの断層が生じた。
1952年3月4日（昭和27）	8.2	釧路沖［十勝沖地震］	北海道南部・東北北部に被害。津波が関東地方にまで及ぶ。波高は北海道で3m前後、三陸沿岸で1～2m。家屋全壊815、流失91。死者・不明33。
1952年11月5日（昭和27）	9.0	カムチャッカ半島沖	太平洋沿岸に津波。波高は1～3m程度。広範囲で家屋の浸水。三陸沿岸では漁業被害。
1953年11月26日（昭和28）	7.4	房総半島南東沖［房総沖地震］	伊豆諸島で被害。関東沿岸に小津波、銚子付近で最大2～3m。
1958年11月7日（昭和33）	8.1	択捉島付近	釧路地方に被害。太平洋沿岸に津波。
1960年5月23日（昭和33）	9.5	チリ沖［チリ地震津波］	24日2時ごろから日本各地に津波が来襲。波高は三陸沿岸で5～6m、その他で3～4m。沖縄でも被害。全体で家屋全壊1500余、死者・不明142。
1961年8月12日（昭和36）	7.2	釧路沖	釧路付近で家屋の破損11、木橋全壊1など。
1962年4月23日（昭和37）	7.1	十勝沖	十勝川流域・釧路方面で被害大。
1963年10月13日（昭和38）	8.1	択捉島付近	津波があり、三陸沿岸に被害。波高は花咲で1.2m、八戸で1.3mなど。
1964年6月16日（昭和39）	7.5	新潟県沖［新潟地震］	新潟・秋田・山形を中心に被害。家屋全壊1960、浸水1万5297。死者26。船舶・道路の被害多数。新潟市内、地盤の液状化被害。津波が日本海沿岸を襲い、波高は新潟県沿岸で4m以上に。
1968年4月1日（昭和43）	7.5	日向灘［1968年日向灘地震］	高知・愛媛で被害大。家屋全壊1、道路損壊18、死者1。小津波も。
1968年5月16日（昭和43）	7.9	青森県東方沖［十勝沖地震］	青森を中心に北海道南部・東北地方に被害。建物の全壊673、死者52。津波が襲い、三陸沿岸で3～5m。浸水529、船舶の流失沈没127。
1972年12月4日（昭和47）	7.2	八丈島東方沖［1972年12月4日八丈島東方沖地震］	八丈島と青ヶ島で被害。
1973年6月17日（昭和48）	7.4	根室半島南東沖［根室半島沖地震］	根室・釧路地方に被害。小津波があり、波高は花咲で2.8m。浸水275、船舶の流失沈没10。
1974年5月9日（昭和49）	6.9	伊豆半島南方沖［伊豆半島沖地震］	伊豆半島南端で被害。家屋全壊134、死者30。
1978年1月14日（昭和53）	7.0	伊豆大島近海［伊豆大島近海地震］	伊豆半島で被害大。家屋全壊96、道路損壊1141、がけ崩れ191、死者25。翌日の余震でも被害。
1978年6月12日（昭和53）	7.4	宮城県沖［宮城県沖地震］	宮城県で被害大。家屋全壊1183、道路損壊888、山崩れ・がけ崩れ529、死者28。

「北海道南西沖地震」では
地震直後に大津波が
奥尻島を襲い多数の
犠牲者がでました

西暦（和暦）	マグニチュード	地域［地震名］	被害状況など
1982 年 3 月 21 日（昭和 57）	7.1	**浦河沖**［浦河沖地震］	浦河・静内に被害が集中。全壊 9 など。
1983 年 5 月 26 日（昭和 58）	7.7	**秋田県沖**［日本海中部地震］	秋田県の被害大、青森・北海道が次ぐ。津波による被害が大きい。全国で建物の全壊 934、流失 52。船舶の沈没・流失 706。死者 104 など。
1984 年 9 月 14 日（昭和 59）	6.8	**長野県南部**［長野県西部地震］	王滝村の被害甚大。家屋全壊・流失 14、道路損壊 258、死者 29。大規模ながけ崩れと土石流が発生。
1993 年 1 月 15 日（平成 5）	7.5	**釧路沖**［釧路沖地震］	北海道に沈み込む太平洋プレート内部、深さ 100km の地震。死者 2。建物や道路に被害。
1993 年 7 月 12 日（平成 5）	7.8	**北海道南西沖**［北海道南西沖地震］	地震とともに津波の被害が大。死者・不明 230。とくに地震直後に津波に襲われた奥尻島の被害は甚大。津波の波高は、青苗市街地で 10 mを超えた。
1994 年 10 月 4 日（平成 6）	8.2	**北海道東方沖**［北海道東方沖地震］	北海道東部を中心に被害。家屋全壊 61。震源に近い択捉島では地震と津波で死者・不明 10 など。
1994 年 12 月 28 日（平成 6）	7.6	**三陸沖**［三陸はるか沖地震］	震度 6 の八戸を中心に被害。全壊 72、死者 3。道路や港湾にも被害。
1995 年 1 月 17 日（平成 7）	7.3	**淡路島付近**［兵庫県南部地震］	「阪神・淡路大震災」。活断層による直下型地震。淡路島北部から神戸市・芦屋市・西宮市・宝塚市にかけて震度 7 の地域が。多くの建造物、高速道路、鉄道線路などが崩壊。家屋全壊 10 万 4906、半壊 14 万 4274、全半焼 7132。死者・不明 6437。早朝の被災で死者の多くは家屋の倒壊と火災による。
2000 年 10 月 6 日（平成 12）	7.3	**鳥取県西部**［鳥取県西部地震］	鳥取県境港市・日野町で震度 6 強。家屋全壊 435。陸域の地殻内の横ずれ断層型地震。
2003 年 5 月 26 日（平成 15）	7.1	**宮城県沖**	深さ 70km のプレート内部の地震。家屋全壊 2 など。
2003 年 9 月 26 日（平成 15）	8.0	**釧路沖**［十勝沖地震］	太平洋プレート上面のプレート境界地震。1952 年とほぼ同じ場所が震源。家屋全壊 116。死者・不明 2。北海道・本州の太平洋岸に最大 4 m程度の津波。
2005 年 8 月 16 日（平成 17）	7.2	**宮城県沖**	日本海溝沿いのやや陸よりのプレート境界地震。最大震度 6 弱。石巻市で 13cm の津波。
2007 年 3 月 25 日（平成 19）	6.9	**能登半島沖**［能登半島地震］	地殻内の逆断層型地震。最大震度 6 強。家屋全壊 686、死者 1。
2007 年 7 月 16 日（平成 19）	6.8	**新潟県上中越沖**［新潟県中越沖地震］	沿岸海域の地殻内の逆断層型地震。最大震度 6 強。家屋全壊 1331、死者 15。地盤変状・液状化なども。
2008 年 6 月 14 日（平成 20）	7.2	**岩手県内陸南部**［岩手・宮城内陸地震］	岩手・宮城県境付近の地殻内の逆断層型地震。最大震度 6 強。地すべりなどの斜面災害多数。家屋全壊 30、死者・不明 23。
2011 年 3 月 11 日（平成 23）	9.0	**三陸沖**［東北地方太平洋沖地震］	「東日本大震災」。日本海溝沿いの沈み込み帯の大部分、三陸沖中部から茨城県沖までのプレート境界を震源域とする超巨大地震。最大震度 7。家屋全壊 12 万 7291、死者 1 万 8958、行方不明者 2655。死者の 9 割以上が水死。最大約 40 mの巨大津波が太平洋岸を襲った。M7 クラスの前震・余震が多発。
2012 年 12 月 7 日（平成 24）	7.3	**三陸沖**	「東北地方太平洋沖地震」の周辺域の正断層型地震。死者 1。最大震度 5 弱。

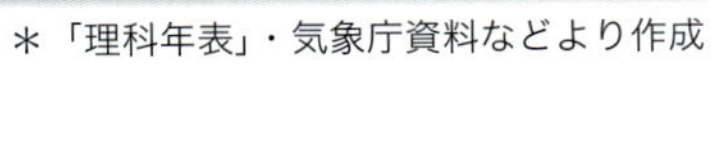
＊「理科年表」・気象庁資料などより作成

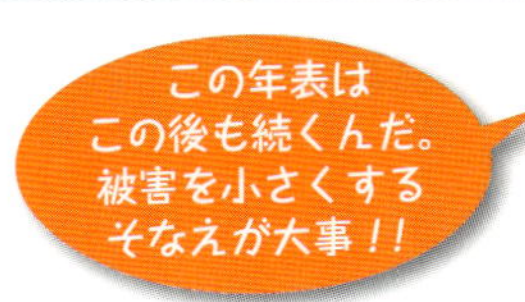
この年表は
この後も続くんだ。
被害を小さくする
そなえが大事！！

写真で見る
「阪神・淡路大震災」

1995年1月17日
淡路島北部から神戸市・芦屋市・
西宮市・宝塚市にかけて
震度7の激震が襲いました

● **倒壊した高速道路と落下したトラック**
神戸市灘区岩屋交差点

● **液状化で泥水が噴出**
神戸市港島小学校

● **地割れで段差が生じた港湾施設**
神戸市、ポートアイランドの埠頭

● **上階部分がぺしゃんこに潰れたビル**
神戸市中央区の商業施設

● **倒壊した家屋の中を捜索する救助隊**
神戸市長田区

激しい炎と黒煙を上げながら燃え続ける市街
神戸市長田区

地震による火災で
7000 余の家屋が焼失。
火災による犠牲者も
多数に上ります

焼け崩れた家屋と自動車
神戸市灘区

● **倒壊家屋の側に住人の安否と避難場所が書かれた看板**　神戸市長田区

● **小学校の体育館に設けられた避難所での生活**
神戸市立真陽小学校

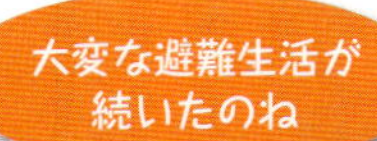

● **給水車に行列する被災した人々**
神戸市中央区

＊p.60～63に掲載した写真は神戸市提供

写真で見る

「東日本大震災」

● **巨大津波はあらゆるものを押し流し破壊しつくした**
宮城県女川町鷲神浜

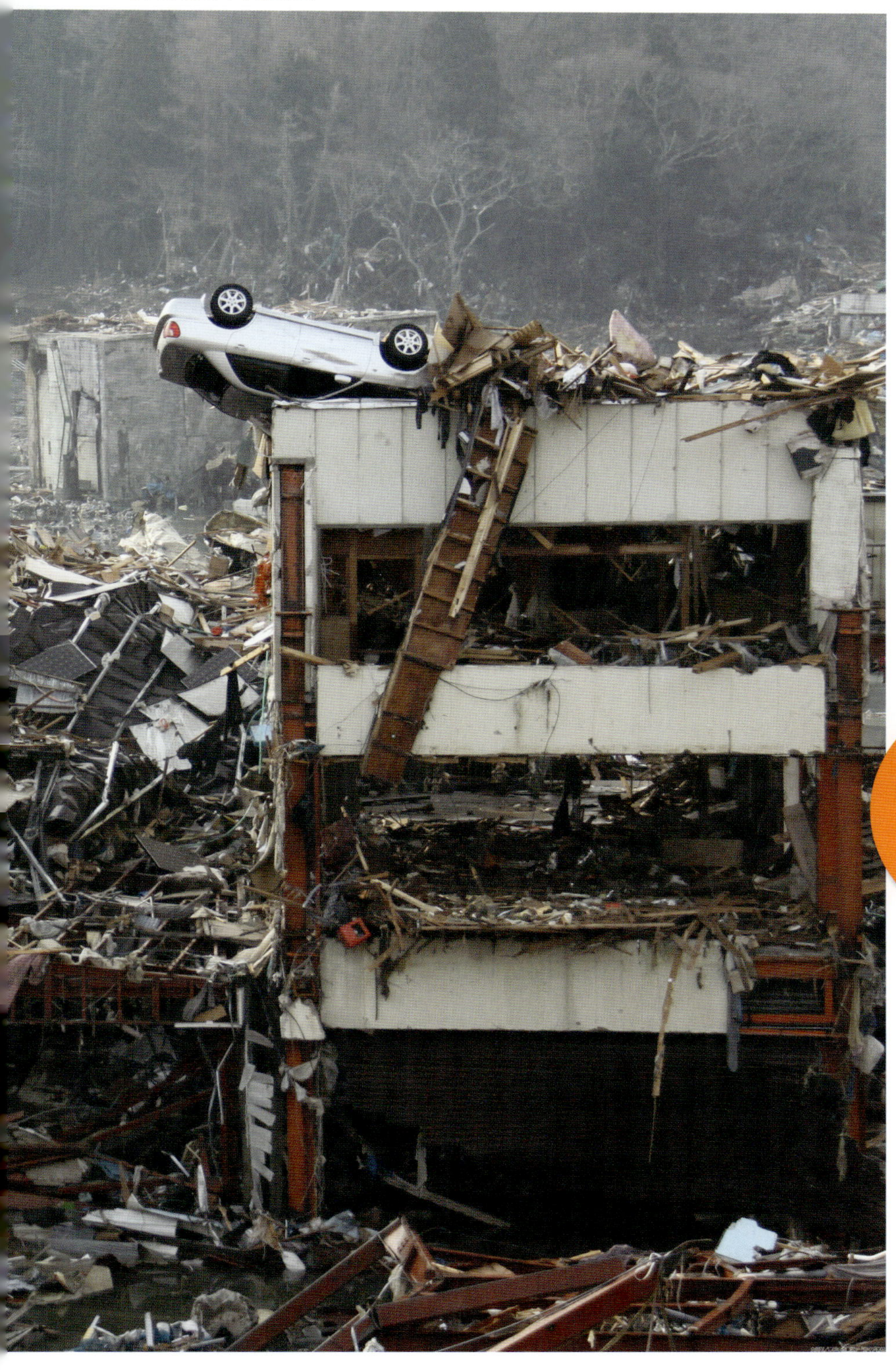

2011年3月11日
最大震度7の地震が
東北地方を襲い
その後巨大な津波が
沿岸に押しよせ
甚大な被害を
もたらしました

あらゆるものを飲み込んで「引き波」が海へ戻る
気仙沼市朝日町

堤防にのり上げた船
石巻市渡波

損壊した建物が津波の高さを物語る
名取市閖上

木造家屋は
あとかたもなく
壊されて流されて
しまったんだ

● **散乱した書籍と変形した書棚**
名取市図書館

● **被災者であふれる避難所**
宮城県南三陸町志津川中学校体育館

今でも
行方不明者が
3000 人近くも
いるのね

● **震災後長期間にわたり行方不明者の捜索がつづけられた**
石巻市

＊ p.64 ～ 67 に掲載した写真は東日本大震災文庫・宮城県提供

首都直下地震

■ 首都直下には3枚のプレートが

この章ではここまで、地震や津波の起こるしくみや、過去の地震や津波について解説してきました。ここからは、近い将来、起こると考えられている地震や津波を、４つのグループに分けて解説します。

最初は、「首都直下地震」です。

東京を中心に、埼玉、千葉、神奈川の１都３県には、日本の全人口の約３割が集中しています。首都直下地震とは、そんな東京近辺の直下を震源とする地震のことです。

下の図を見てみましょう。首都圏は大陸プレートの北米プレートの上にありますが、その下には海洋プレートのフィリピン海プレートがもぐり込み、さらにその下に太平洋プレートがもぐり込んでいます。それぞれのプレートの境界では、プレートの沈み込みによる海溝型の地

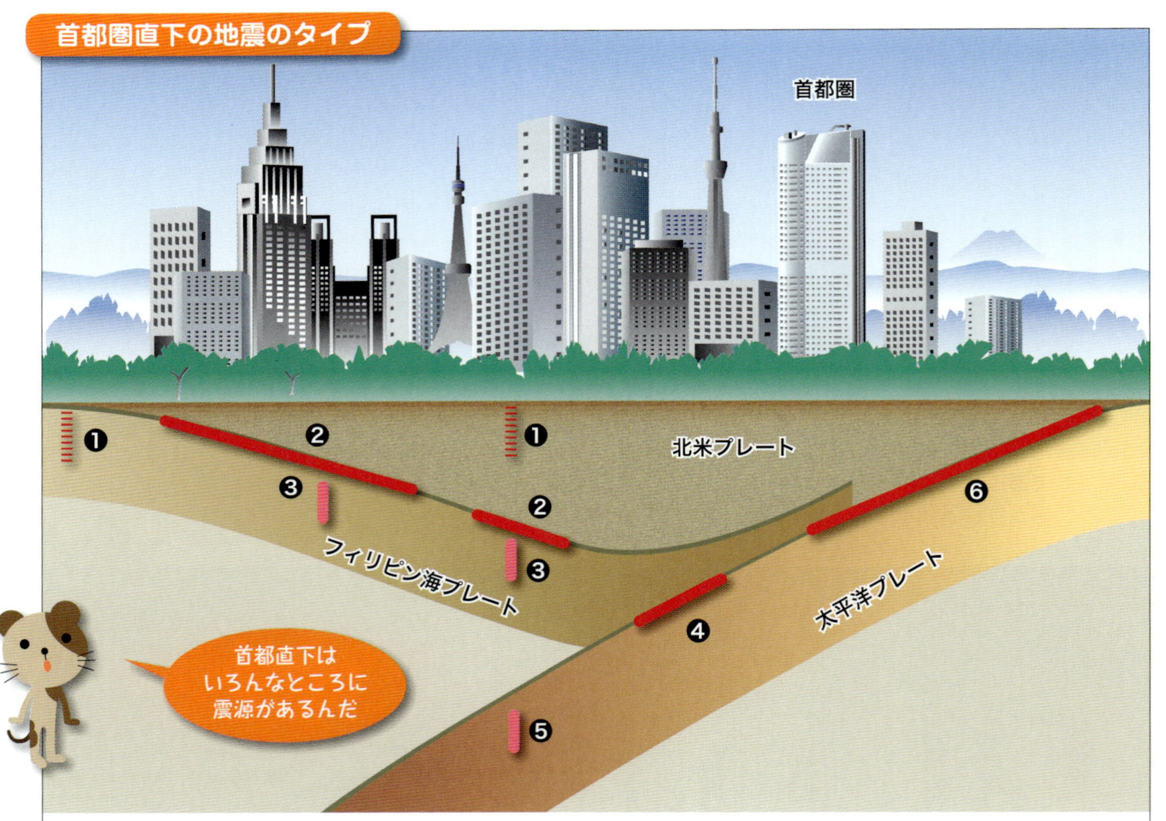

❶	地殻内（北米プレートまたはフィリピン海プレート）の浅い地震	立川断層帯など
❷	フィリピン海プレートと北米プレートの境界の地震	1923 年大正関東地震など
❸	フィリピン海プレート内の地震	1987 年千葉県東方沖地震など
❹	フィリピン海プレートと太平洋プレートの境界の地震	
❺	太平洋プレート内の地震	
❻	フィリピン海プレートおよび北米プレートと太平洋プレートの境界の地震	

＊内閣府資料より改変

震が、また、各プレートの内部では、プレートの複雑な動きで生まれるひずみによる地震が想定されています。

■ M８の前にM７クラスが

東京近辺では、マグニチュード（M）８クラスの巨大地震が、過去400年の間に２度起きています。１度目は1703年の「元禄関東地震」で、１万人以上の死者を出しました。北米プレートとフィリピン海プレートの境界の「相模トラフ」とよばれる海の谷で起きた海溝型地震で、規模はM 8.5と推定されています。２度目は1923年の「大正関東地震」で、10万人以上が亡くなりました。これも相模トラフで起きた海溝型地震で、規模はM 8.2と推定されています。

政府の中央防災会議では、「元禄」型の関東地震は2000～3000年程度の間隔で、「大正」型の関東地震は200～400年の間隔で発生すると予測し、次の「関東大震災」は、2120年から2320年の間と予測しています。

しかし、見逃してならないのは、２つの巨大地震の前に、少し規模の小さいM７クラスの地震がいくつも発生していることです。たとえば大正関東地震から約70年前の1855年には、M 6.9と推定される安政江戸地震が起き、

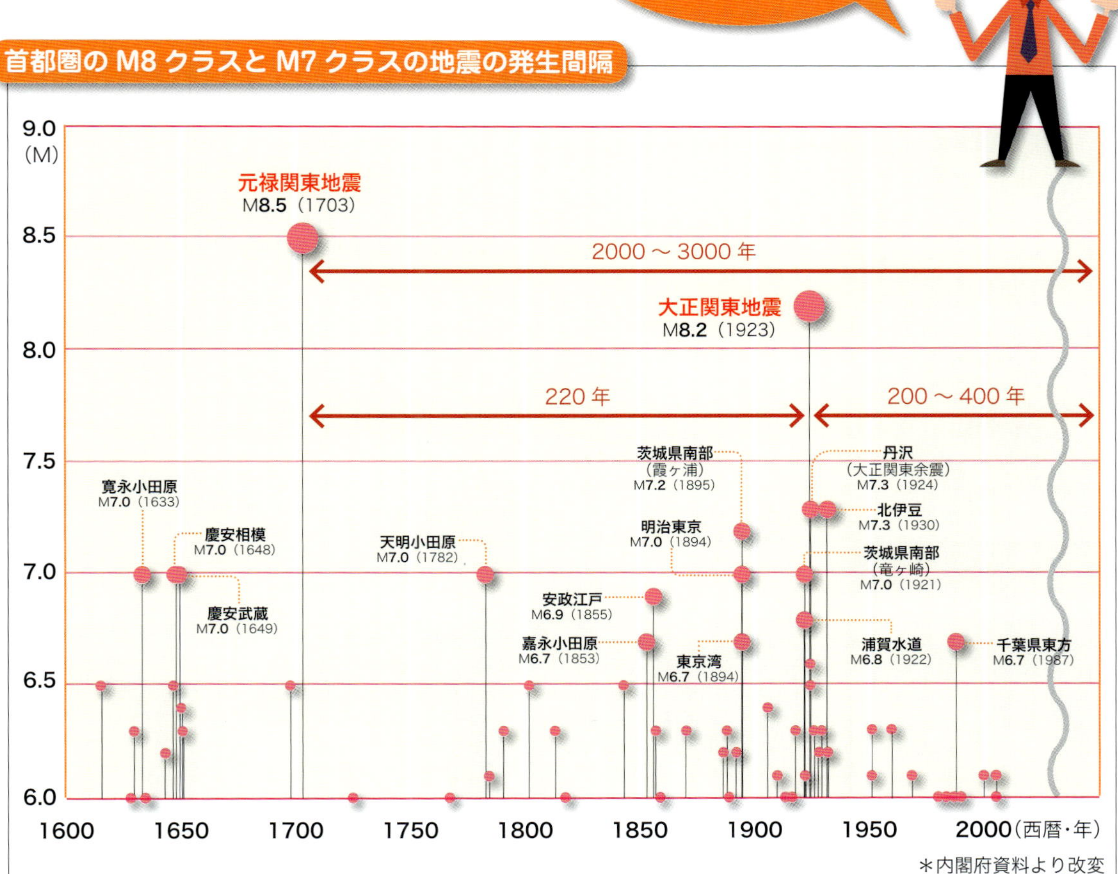

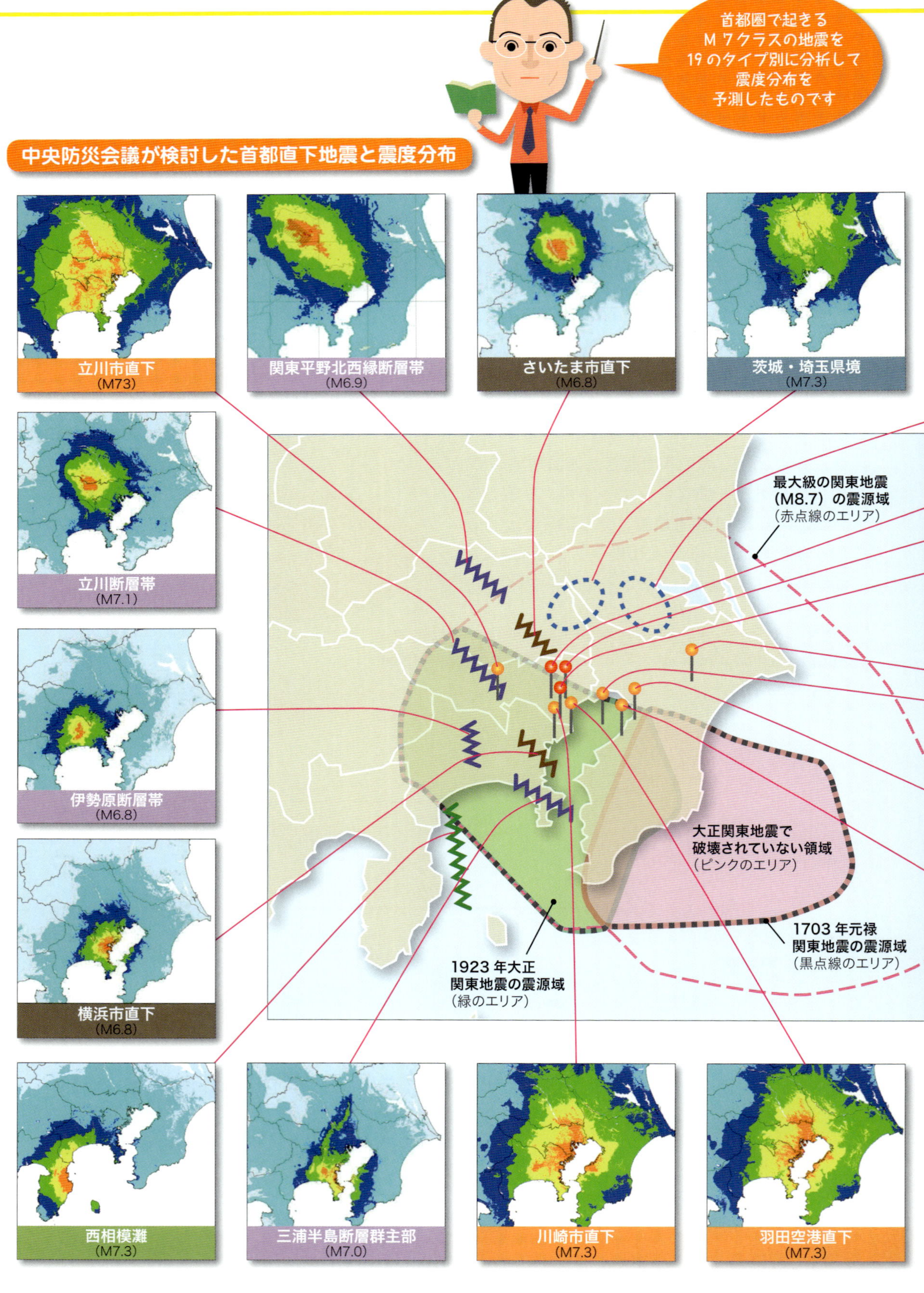
首都圏で起きる
M7クラスの地震を
19のタイプ別に分析して
震度分布を
予測したものです
中央防災会議が検討した首都直下地震と震度分布
立川市直下
(M73)
関東平野北西縁断層帯
(M6.9)
さいたま市直下
(M6.8)
茨城・埼玉県境
(M7.3)
立川断層帯
(M7.1)
伊勢原断層帯
(M6.8)
横浜市直下
(M6.8)
西相模灘
(M7.3)
三浦半島断層群主部
(M7.0)
川崎市直下
(M7.3)
羽田空港直下
(M7.3)
最大級の関東地震
(M8.7)の震源域
(赤点線のエリア)
大正関東地震で
破壊されていない領域
(ピンクのエリア)
1703年元禄
関東地震の震源域
(黒点線のエリア)
1923年大正
関東地震の震源域
(緑のエリア)

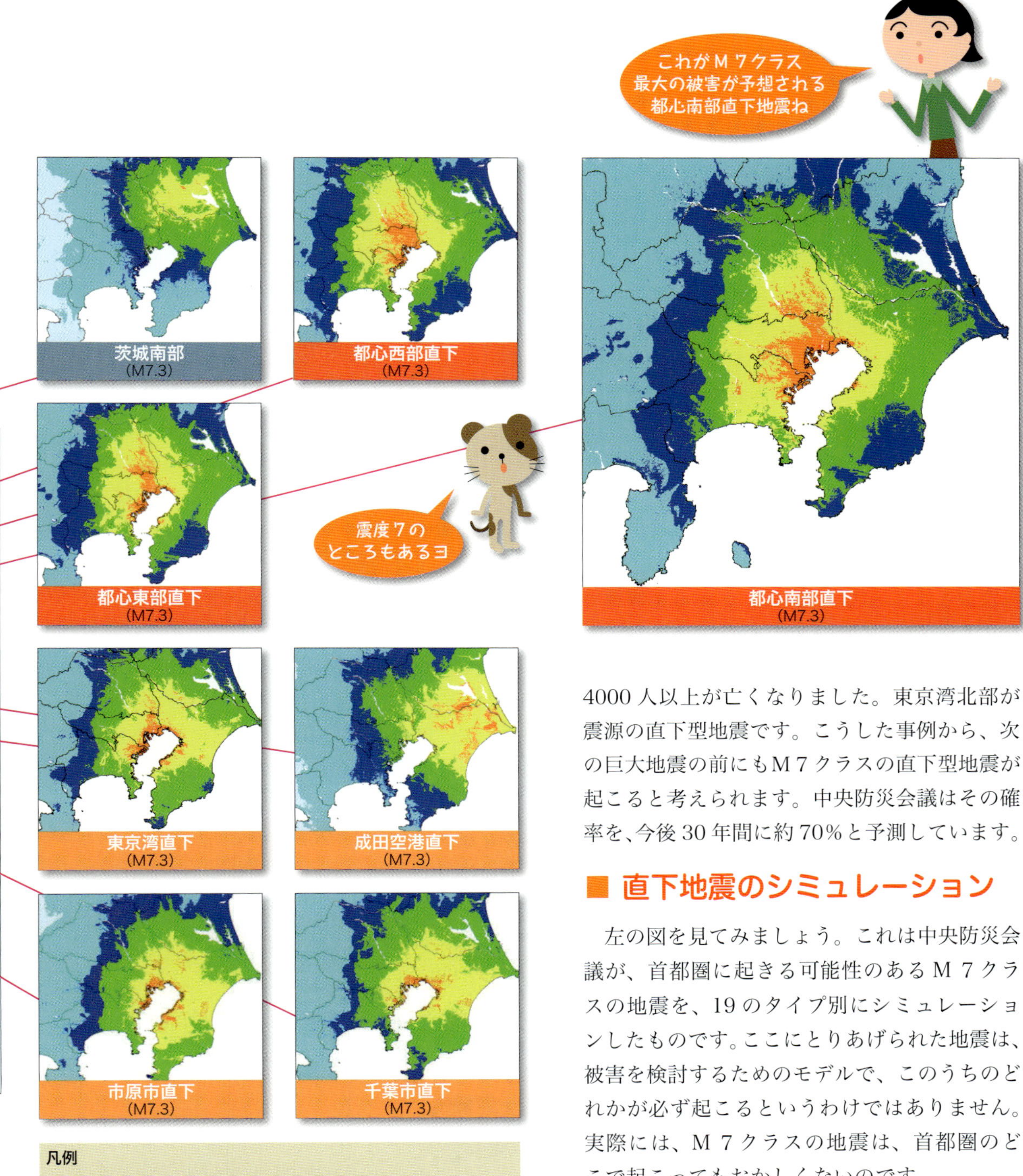

＊内閣府資料より改変

4000人以上が亡くなりました。東京湾北部が震源の直下型地震です。こうした事例から、次の巨大地震の前にもＭ７クラスの直下型地震が起こると考えられます。中央防災会議はその確率を、今後30年間に約70％と予測しています。

■ 直下地震のシミュレーション

左の図を見てみましょう。これは中央防災会議が、首都圏に起きる可能性のあるＭ７クラスの地震を、19のタイプ別にシミュレーションしたものです。ここにとりあげられた地震は、被害を検討するためのモデルで、このうちのどれかが必ず起こるというわけではありません。実際には、Ｍ７クラスの地震は、首都圏のどこで起こってもおかしくないのです。

最も大きな被害が予想されるのは、「都心南部直下」のフィリピン海プレート内に想定したＭ7.3の地震です。

首都中心部を震度７のゆれが襲います。震度７のゆれでは、ピアノやテレビが空中を飛んで壁に激突し、人はまったく動くことも考えることもできません。とくに心配されるのが、建物の倒壊です。1981年の建築基準法の改正によって、日本の建築物の耐震性は大きく向上しましたが、それ以前に建てられた建物は、震度7では6割以上が全壊すると考えられています。

この地震では、家屋の全壊と焼失が最大約61万棟、建物の倒壊や火災による死者が最大約2万3000人に及び、地震直後では、都区部の約5割で停電と断水が起こります。また、交通機関では、地下鉄は1週間、私鉄・JRは1か月ほど運行停止、主要道路でも1～2日は通行不能の状態になると予測されています。

さらに、新たな不安もあります。相模トラフを震源とする地震は、約200～400年周期で起きています。現在は大正関東地震から約100年しかたっていませんから、今後100年間はこのタイプの地震は起きないだろうとされてきました。

しかし、最近の研究により、元禄関東地震の震源域は、大正関東地震よりもかなり広く、房総半島の東側の沖合いにも及んでいたことがわかってきました。大正関東地震では、そのうち西側半分しか崩れていません（→p.70図参照）。ということは、残りの東側半分はいわば「割れ残り」のような状態にあり、近い将来、震源となる可能性があると考えられます。くわしい予測はまだできていませんが、巨大地震がせまってきているかもしれないのです。

■ 海溝型には津波の危険性が

元禄関東地震や大正関東地震のように、相模トラフを震源とする海溝型地震の特徴は、ゆれだけでなく津波も引き起こすことです。実際に、元禄関東地震では、鎌倉に高さ8m、品川に高さ2mの津波が押し寄せました。再び同じタイプの地震が起きれば、津波が予想されます。

東京は海水面よりも地面が低い「ゼロメートル地帯」も多いことから、被害が広い範囲に及ぶおそれがあります。高さ2mの津波でも海岸から約20kmまで、高さ6mでは約40kmまで水没するところがあるといわれています。また、都心は地下鉄が発達しているため、地下に水が侵入する危険も大きいのです。

大正関東地震タイプ（M8.2）の震度分布

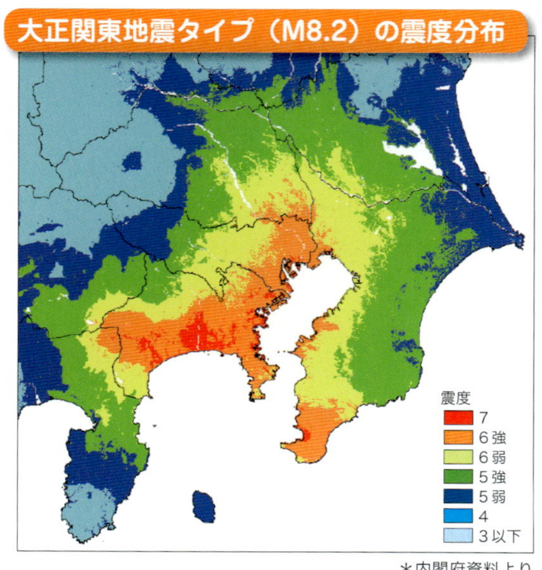

＊内閣府資料より

今後100年は
起きないといわれていた
大正関東地震タイプの地震ですが
「割れ残り」部分が動くかもしれません。
十分なそなえが必要です

そなえが
大事だヨ

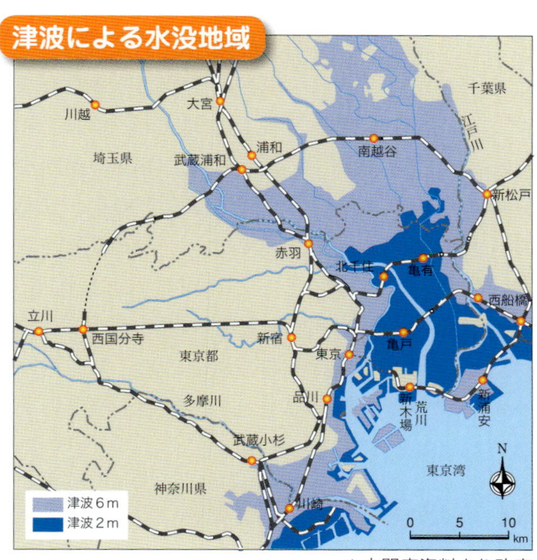

＊内閣府資料より改変

■ 東海地震も首都に甚大な被害を

東海地震とは、フィリピン海プレートがユーラシアプレートに沈み込む南海トラフの東側、駿河湾から静岡県の内陸部を震源域として起こる海溝型地震です。

くわしくは次の「南海トラフ巨大地震」で紹介しますが、ここを震源とする地震は過去、100～150年の周期で発生しています。しかし、1854年の安政東海地震以来100年以上起きていないため、いつ起きてもおかしくないのです。

M８クラスの巨大地震が想定されるため、震源から200km以上離れた東京にも大きな被害をもたらし、死者は9200人、経済的な被害は37兆円を超えると試算されています。海に震源域があるため津波の被害も想定され、東京湾内に到達する津波は最大1.4m、満潮時だと2.4mと予測されています。

最近では、東海地震は、南海トラフにならぶ、東南海、南海の震源域と一緒に「３連動地震」となって起こると考えられています。その場合の規模はM９と、東日本大震災にも匹敵するほどの大きさになると予測されています。

液状化現象とは

東日本大震災の時に、東京の東部の低地や埋め立て地などの地盤のゆるい土地で、泥水が噴水のように噴き上がって地盤が沈下する「液状化現象」が起きました。地盤は、ふだんは砂粒がかみあいその間を水が満たして安定しています。しかし、地震によって強くゆすられると、安定がくずれ、砂粒が離れてバラバラになって砂粒まじりの水が噴き出しました。その結果、地盤沈下が起きたのです。家が傾いたり、マンホールが浮き上がったり、傾斜地の建物が何十メートルもずり落ちるなどの被害が発生しました。

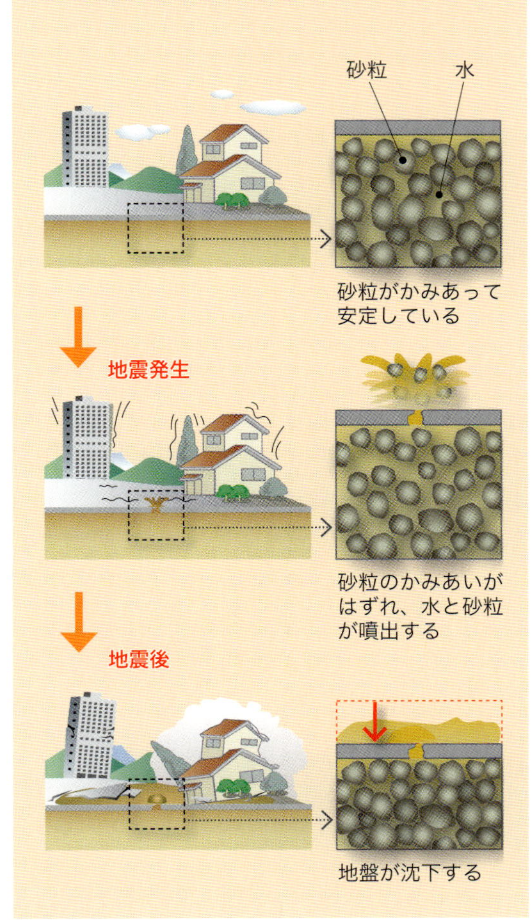

南海トラフ巨大地震

■ 3つの震源域が連動

近い将来、起こるおそれのある地震や津波の2つ目は、「南海トラフ巨大地震」です。

南海トラフとは、東は静岡沖から西は四国沖にかけての海底にある谷で、大陸プレートであるユーラシアプレートの下に、海洋プレートであるフィリピン海プレートがもぐり込んでいます。この付近を震源域とする海溝型の巨大地震が過去何度も発生しており、近い将来にも起こると予測されているのです。

南海トラフを震源とする地震の大きな特徴は、「3連動地震」として起こることです。南海トラフの震源域は、大きく3つに分けられます（右図）。東側から、東海地震を引き起こす東海震源域、東南海震源域、南海震源域です。この3つを震源域とする地震が次々に連動して発生するため、地震の規模やもたらす被害が大きくなるのです。

地震が連動する間隔はさまざまです。1707年の宝永地震では、3つそれぞれを震源域とする地震が、数十秒以内につづいて起きたと考えられます。1854年には、まず東海と東南海を震源域とする安政東海地震が起き、その32時間後に、南海を震源域とする安政南海地震が起きました。20世紀半ばには、1944年に東南海を震源域とする東南海地震が起きた後、その2年後に南海を震源域とする南海地震が起きました。つまり、3つの震源域のうちどこかで地震が発生した後、次の地震が数十秒後に起きるのか、それとも数年後に起きるのか、予測がむずかしいのです。

■ 西日本は地震の活動期

では、次の南海トラフ巨大地震はいつ起こるのでしょうか。

西日本では、地震がよく起こる時期（活動期）とあまり起きない時期（静穏期）が交互にくることがわかっており、現在は活動期にあたります。そして、南海トラフ巨大地震発生の約60年前から発生後約10年の間に、内陸の活断層が動いて直下型地震（内陸地震）が増え、活動期となることもわかっています。1995年に阪神・淡路大震災を起こした兵庫県南部地震も、活動期に起こる直下型地震の一例です。

そして、過去の活動期の地震の起こり方のパターンを元に分析すると、次の南海トラフ巨大地震は2038年ごろと予測されているのです。

■ 2030年代には必ず…

過去の南海トラフ巨大地震の起こる周期から予測してみましょう。過去の地震は、90～150年くらいの間隔で起きています。前回は約70年前ですから、次は約20～80年後に起こると考えられます（→p.79「なるほど情報館」）。

もうひとつ注意すべきは、3つの震源域のうち東海を震源域とした地震は約160年間、起きていないことです。約70年前の他の2つの地震の時も、ここでは発生していません。つまり、東海震源域のプレートは約160年間、エネルギーをため込んだ状態にあるのです。

そのほか、さまざまなデータ分析の結果、次の南海地震は、2030年ごろからはいつ起きてもおかしくなく、おそらく2040年までには発生すると考えられているのです。

■ 次は「超巨大地震」の順番

では、次の南海トラフ巨大地震の規模はどのくらいになるのでしょうか。

これまでの研究から、南海トラフ巨大地震は、3回に1回は、とくに規模の大きい、いわば「超巨大地震」として発生することが指摘されています。平安時代の887年の仁和（にんな）地震、南北朝時代の1361年の正平（しょうへい）地震、江戸時代の1707

南海トラフの巨大地震

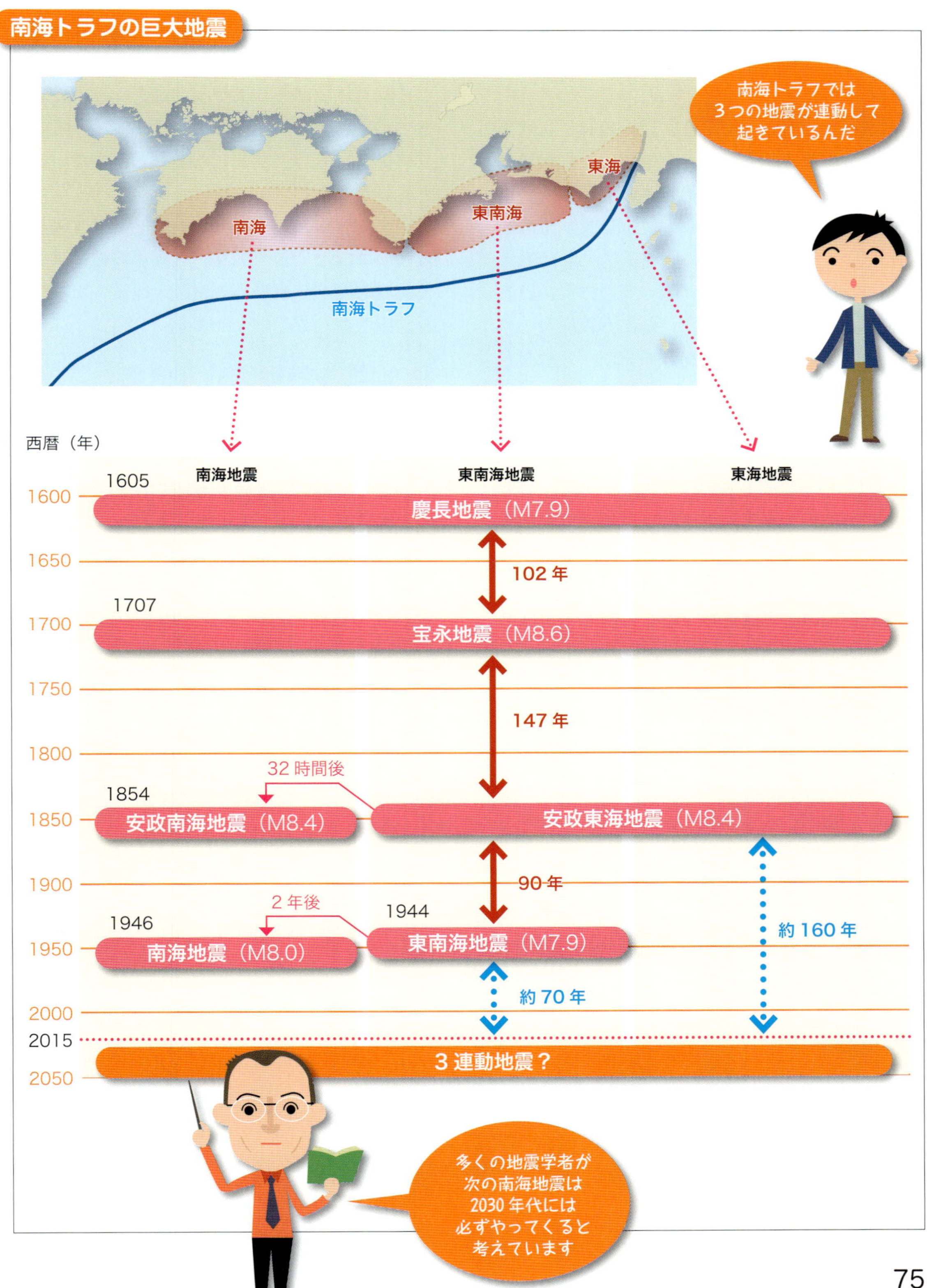
南海トラフでは
3つの地震が連動して
起きているんだ
南海
東南海
東海
南海トラフ
西暦（年）
南海地震
東南海地震
東海地震
1605
1600
慶長地震（M7.9）
1650
102年
1707
1700
宝永地震（M8.6）
1750
147年
1800
32時間後
1854
1850
安政南海地震（M8.4）
安政東海地震（M8.4）
1900
90年
2年後
1944
1946
1950
南海地震（M8.0）
東南海地震（M7.9）
約160年
約70年
2000
2015
3連動地震？
2050
多くの地震学者が
次の南海地震は
2030年代には
必ずやってくると
考えています

年の宝永地震がそれです。そして、実は次にくる地震は、この３回に１回の超巨大地震の順番にあたるのです。

古文書などを読み解くと、過去の超巨大地震の規模は、宝永地震はＭ 8.6 を超え、仁和地震はＭ９クラスであったと推定されています。東日本大震災を起こした東北地方太平洋沖地震（Ｍ 9.0）と同じ規模です。つまり、東日本大震災と同じ規模の地震が、近いうちに再び日本を襲うと考えられるのです。しかも、南海トラフ巨大地震の震源域は東京、名古屋、大阪などの大都市を含む太平洋ベルト地帯に近く、東日本大震災以上の被害が予想されているのです。

■ 新たな２つの震源域

前回の超巨大地震である 1707 年の宝永地震に関する研究により、とても興味深い事実がわかりました。宝永地震では、以前から指摘されてきた３つの震源域だけでなく、南海震源域のすぐ西の宮崎沖の「日向灘（ひゅうがなだ）」付近も、震源域として連動していることがわかったのです。

それだけではありません。過去には、従来の３つの震源域よりもさらに沖合いの、「南海トラフより」を震源域とした地震も起きていることもわかりました。

つまり、南海トラフ巨大地震を起こす震源域は３つではなく５つあり、これらが震源域として連動した「５連動」の超巨大地震となるおそれが出てきたことになります。

■ 地震の規模は約４倍に

新たな震源域が２つ明らかになったことなどから、想定される地震の規模も、震度も、津波も、そして被害の大きさも、これまでの想定がすべて見直されることになりました。

３つの震源域が連動した場合の全長は約 700km、総面積は約６万 km^2 でしたが、震源域が５つになれば、全長は約 750km になり、

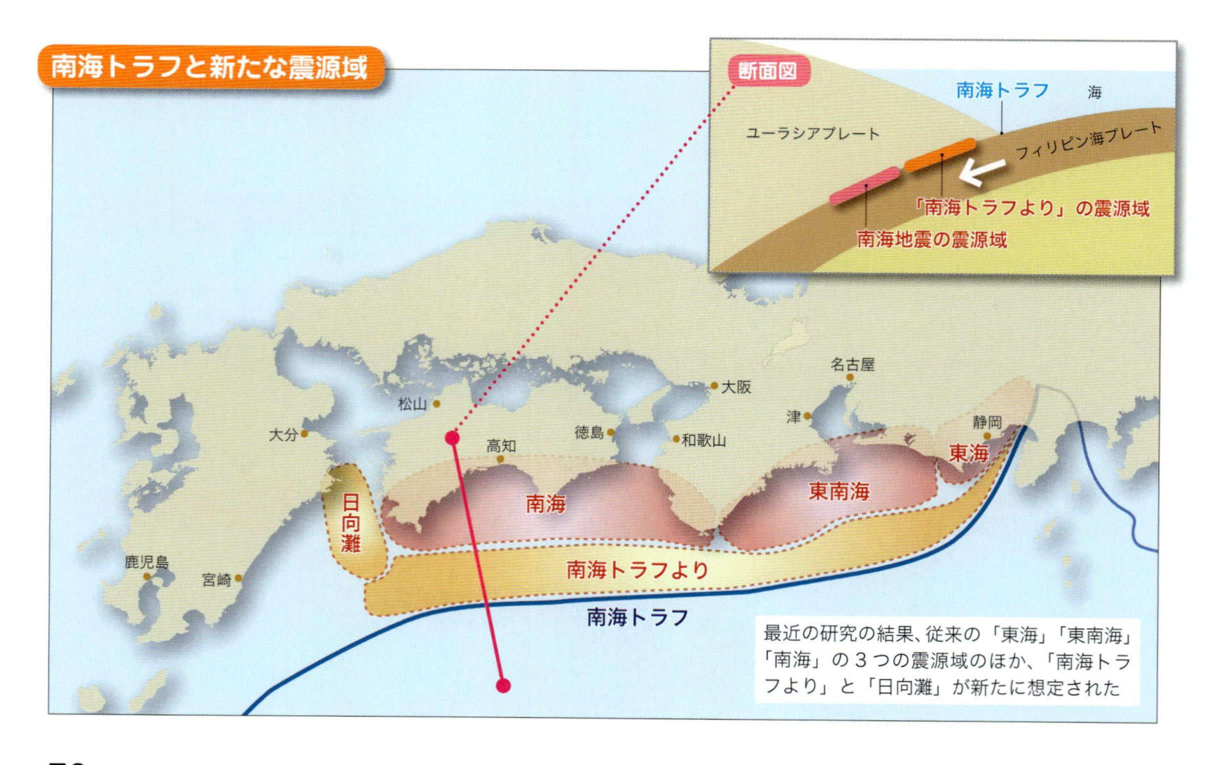

総面積は11万km²に達します。震源域が広ければ、それだけたくさんの岩盤が割れますから、地震の規模は大きくなります。

過去の他地域の超巨大地震の例をみてみると、東日本大震災を起こした東北地方太平洋沖地震（M 9.0）の震源域は約10万km²、2004年のスマトラ島沖地震（M 9.1）は約18万km²、2010年のチリ中部地震（M 8.8）は約6万km²でした。南海トラフ巨大地震も、これらと同じ規模になることが考えられます。

こうしたことを受けて、政府の中央防災会議は、想定される地震の規模をM 8.7からM 9.1へと見直しています。地震のエネルギーは約4倍に増えた計算になります。

■ 震度6弱以上が列島の半分を

震源域が広く、地震の規模が大きくなれば、地震が襲う地域はそれにともなって広くなり、ゆれは大きくなります。中央防災会議は、想定されるM 9.1規模の地震が起きれば、九州から関東までの広い地域が震度6弱以上のはげしいゆれにみまわれ、10県の151市区町村では震度7になると想定しています。東日本大震災では震度6弱以上は東北から関東で、震度7は宮城県北部のみでしたから、さらに広い地域が、強いゆれに襲われることになります。

■ 東日本大震災の倍の津波

新たな震源域の影響が指摘されるのは、地震の規模や震度だけではありません。注目されるのは、「南海トラフより」の震源域の位置が津波に及ぼす影響です。

「南海トラフより」の震源域は、従来の3つの震源域と同じく、海洋プレートのフィリピン海プレートが大陸プレートのユーラシアプレートの下に沈み込んだ境目にあります。ただし、

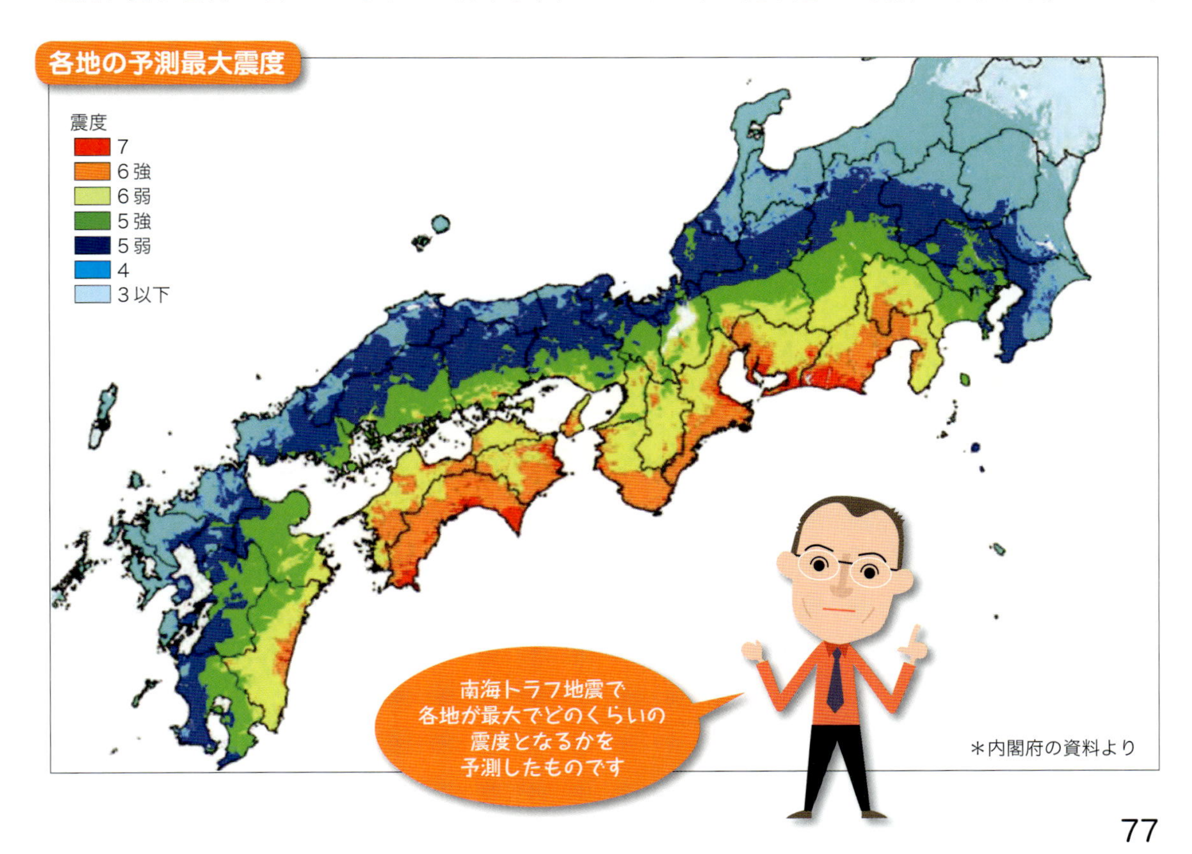
各地の予測最大震度
震度
7
6強
6弱
5強
5弱
4
3以下
南海トラフ地震で
各地が最大でどのくらいの
震度となるかを
予測したものです
＊内閣府の資料より

３つの震源域に比べてプレートの上部で、海底から近く、水深もさほど深くありません。こうした場所を震源とする地震が起きれば、上部の水は大きく持ち上げられ、地震の規模に比べて大きな津波が発生することが十分に考えられます。大規模な津波が発生した東北地方太平洋沖地震も、この「南海トラフより」の震源域と同じような、海溝に近い位置で起きています。

政府の中央防災会議は、次の南海トラフ巨大地震での津波の高さを、高知県黒潮町と土佐清水市で最大 34m と想定しています。ほかにも、静岡県下田市、東京都新島村などが 30m を超える津波に襲われると想定しています。東日本大震災での津波の最大の高さは、岩手県大船渡市の 16.7m と推定されていますから、その２倍以上です。また、地震発生から津波到達までの時間は、最も速い和歌山県串本町ではわずか２分と想定されているのです。

都府県別の最大津波高

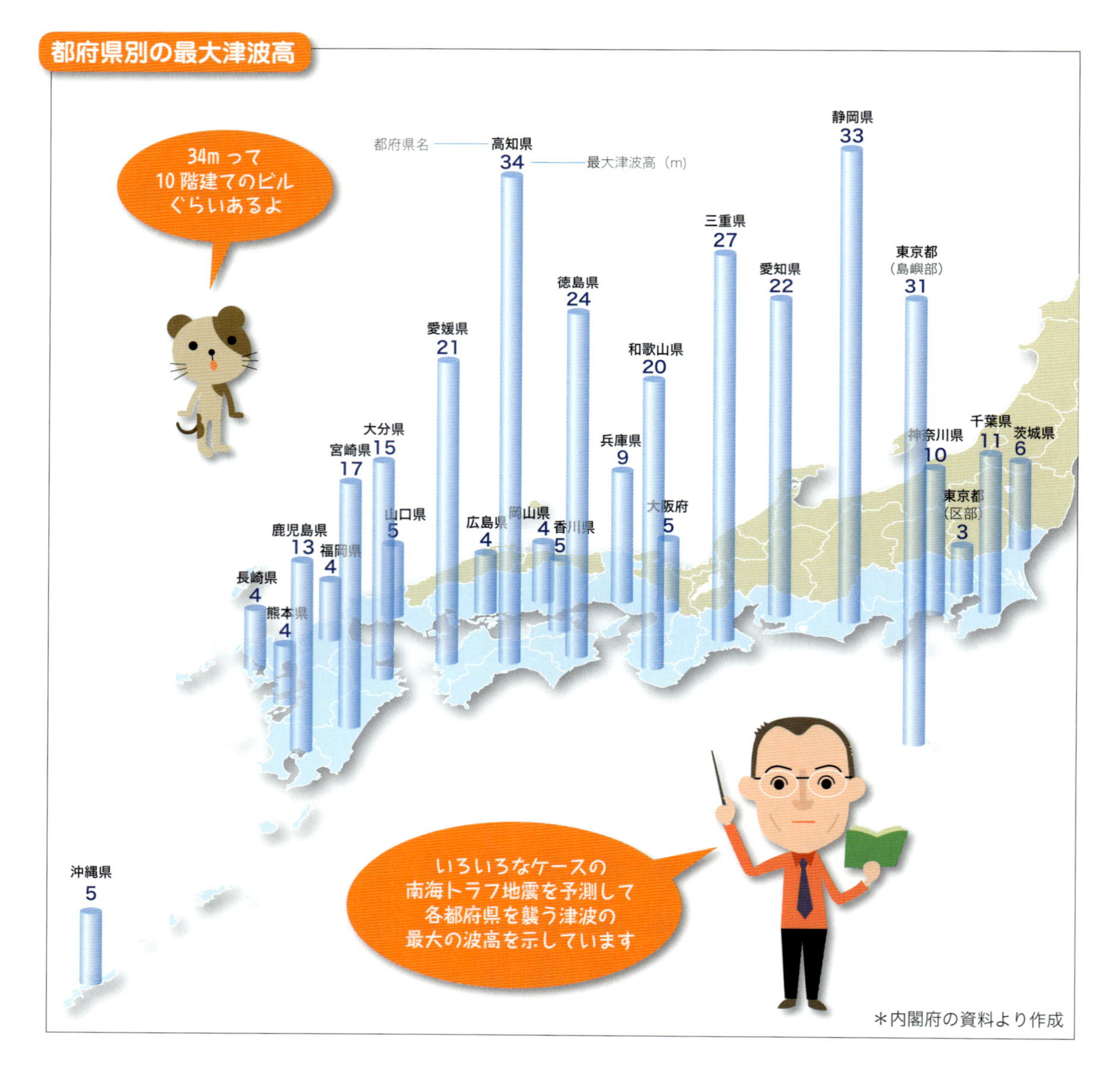

■ 東日本大震災以上の大震災に

地震自体の大きさに加えて心配されるのが、震源域が、東京、名古屋、大阪、福岡などの大都市を含む太平洋ベルト地帯に沿った、広い範囲に及んでいることです。ここは、日本の産業や経済の中心となる地域です。震度6弱以上の地域だけでも、人口は数千万に及びます。

こうしたことから、次の南海トラフ巨大地震が日本にもたらす影響は東日本大震災をはるかに上回る「西日本大震災」になると考えられ、政府の中央防災会議などを中心にして、予測や対策が進められています。

そこで想定されている被害は、下の表に示すように、東日本大震災に比べてはるかに大きなものになっています。また、経済的な被害総額についても、最悪で220兆3000億円に達すると発表されています。

次の南海トラフ巨大地震が起こること自体を防いだり、地震の規模や、もたらされるゆれの大きさをコントロールすることは不可能でしょう。しかし、もたらす被害を、現在の想定より少なくすることは可能です。そのために大切なのは、建物の防災補強などの対策を進めるほか、私たち一人ひとりの防災に対する意識を高めることです。84ページからの「④地震と津波にそなえる」をしっかりと読んでおきましょう。

漁師の言い伝えが地震予測に貢献

「地震の直後は、水深が浅くなって港に漁船が出入りできなくなる」……漁師たちのそんな言い伝えをもとに、高知県の室津港では江戸時代から港の水深を測り続けてきました。そして、積み重ねてきたデータから、巨大地震の度に地盤が一気に1.15～1.8mほど盛り上がり、時間をかけてゆっくりと沈むようすがわかりました。次第に沈み込んでいったプレートの先端が一気にはね上がる、海溝型地震の特徴の「リバウンド隆起」とよばれる現象が確かめられたのです。このデータからは、次の地震が2035年ごろと予測されています。

南海地震による地盤の隆起と地震発生年

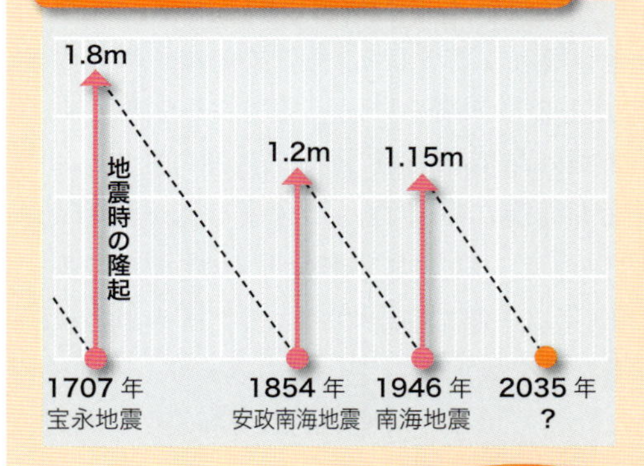

南海トラフ巨大地震の被害想定（被害が最大となる場合）

	東日本大震災	南海トラフ巨大地震	倍数
マグチュード	9.0	9.0	
浸水面積	561km²	1015km²	約1.8倍
浸水域内人口	約62万人	約163万人	約2.6倍
死者・行方不明者	約1万8800人	約32万3000人	約17倍
建物被害（全壊棟数）	約13万400棟	約238万6000棟	約18倍

＊内閣府資料（2012年発表）より

予想される死者・行方不明者の数は東日本大震災の17倍にもなるんだ

どこでも起こる活断層型地震

■ 2000の活断層

近い将来、起こるおそれのある地震や津波の3つ目は、「どこでも起こる活断層型地震」です。

大陸プレートの内部のひずみが原因で起こる内陸地震の多くは、過去の地震などによって生まれた岩盤のずれ（断層）のうち再び活動する可能性のあるもの、すなわち活断層が震源となります。すでに触れた首都直下地震でも、活断層を震源とした地震が想定されていることを解説しました。日本列島各地には約2000本もの活断層が確認されていますから、「活断層型地震」は、日本全国どこでもいつでも起きる可能性があるのです。

■「想定外の活断層」

東日本大震災以降、とくに東北地方や関東地方などの東日本で活断層の動きが活発になり、地震が増えてきました。そこで注目されるのは、「想定外の活断層」によって起こる地震です。

地震列島である日本は、過去の歴史の中で何度も地震にみまわれてきました。こうした「歴史地震」は、古文書などを調べることで、1000年以上前にさかのぼって年代や被害状況、規模などを推定することができます。それらを元に地震の起こりやすい地域を特定し、現地でのくわしい地質調査を積み重ねることで、日本列島にはとくに活動的な約100本の活断層があり、繰り返し地震を発生させてきたことがわかってきました。これらの活断層については、地震が起きた場合の規模や被害を想定し、対策を練ってきています。

しかし、こうした研究や対策には限界があります。地震を起こすのは、過去に動いた記録のある活断層だけとはかぎらないからです。実際、東日本大震災後には、活動が活発だとされていかなった活断層や、まだ存在が知られていなかった活断層など、「想定外の活断層」による地震がいくつも起きているのです。

■「正断層」型の地震が活発に

東日本大震災後、想定外の活断層による地震が増えてきた一因として考えられるのは、プレートの状態の変化です。

東日本大震災以前には、北米プレートと太平洋プレートとは互いに押しあっていて、その結果、「押しあう力」で生まれる「逆断層」型の活断層による地震が多い傾向にありました。

しかし、東日本大震災を引き起こした東北地方太平洋沖地震の際、北米プレートの端の部分がはね上がったことで、プレート全体が端に引っ張られて動き、伸ばされました。その結果、これまであまりなかった「引っ張りあう力」で生まれる「正断層」型の活断層による地震が増えたと考えられるのです。

■ 足元でいつ地震が起きても

想定外の活断層の数やリスクがとくに多いと考えられるのが、都市の地下です。断層の多くは、山地と平地の境界にできます。都市の多くは平地につくられますから、必然的に地下には断層が多くあると考えられます。しかも、都市の多くは沖積層（ちゅうせきそう）とよばれるやわらかい地層の上につくられています。また、多くの建物などが密集しているため、詳細な地質調査を続けることがむずかしく、活断層の実態を把握しづらいのです。

想定外の活断層による地震のリスクは、日本列島各地の地下にひそんでいます。もちろん、これまでの研究で活動が活発と確認されている活断層による地震のリスクが高いことに変わりはありません。自分の足元が震源となる地震がいつ起きてもおかしくない――私たち一人ひとりが、そういう心構えをもつ必要があるのです。

主な活断層と 30 年以内の地震発生確率

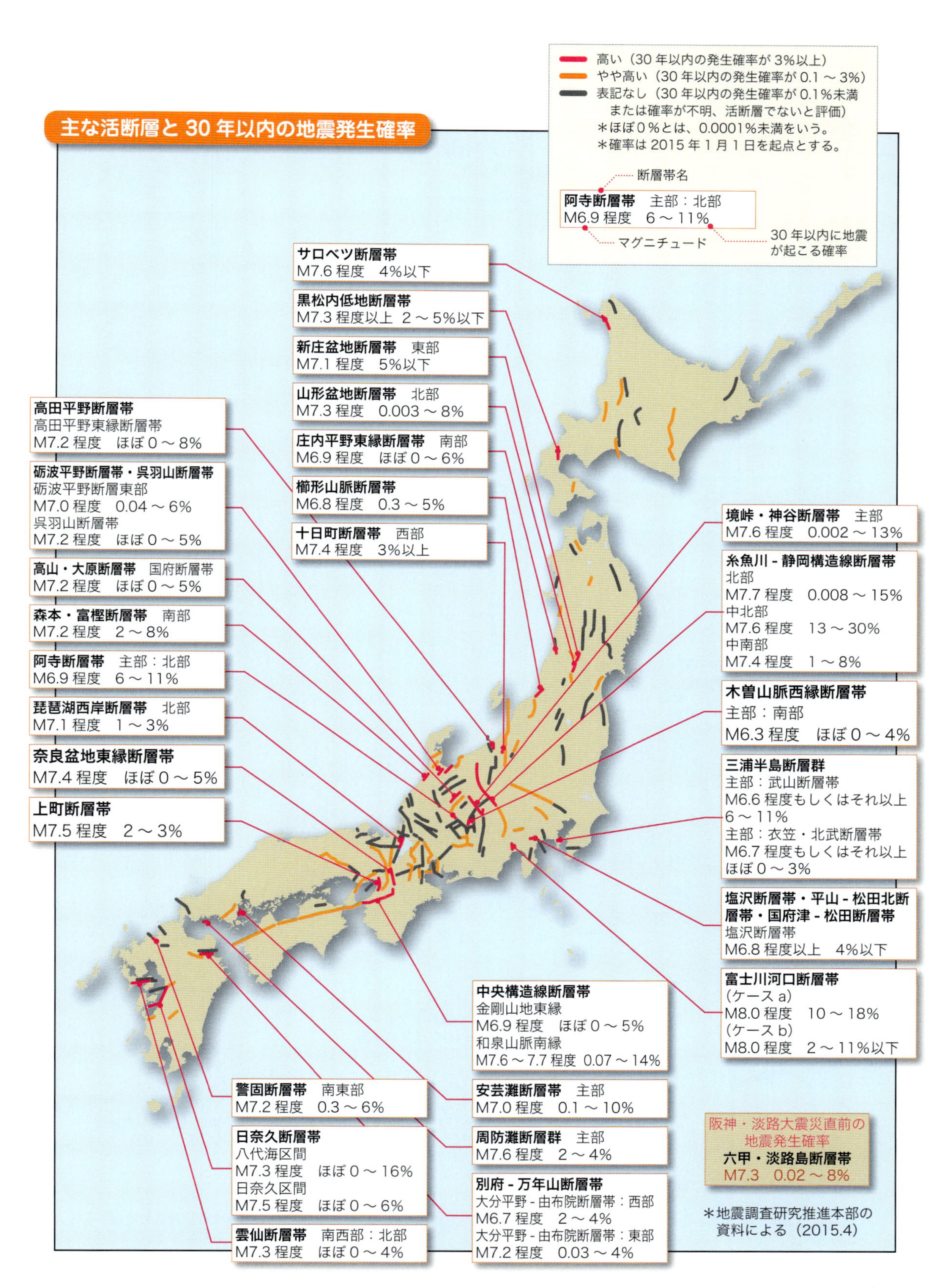

＊地震調査研究推進本部の資料による（2015.4）

その他の海溝型地震

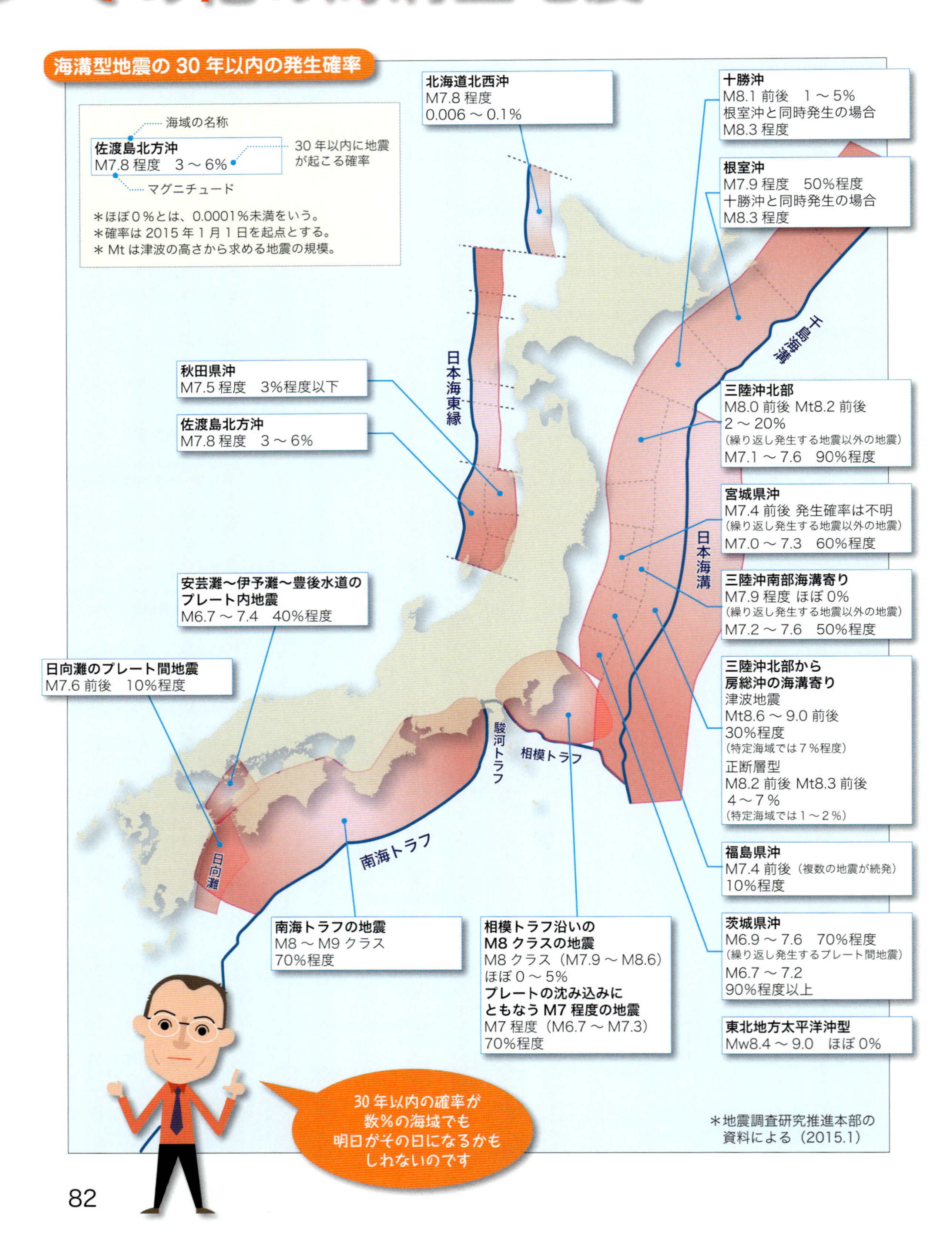

海溝型地震の 30 年以内の発生確率
海域の名称
佐渡島北方沖
M7.8 程度　3～6%
30 年以内に地震が起こる確率
マグニチュード
＊ほぼ 0％とは、0.0001％未満をいう。
＊確率は 2015 年 1 月 1 日を起点とする。
＊ Mt は津波の高さから求める地震の規模。
北海道北西沖
M7.8 程度
0.006 ～ 0.1%
十勝沖
M8.1 前後　1 ～ 5%
根室沖と同時発生の場合
M8.3 程度
根室沖
M7.9 程度　50%程度
十勝沖と同時発生の場合
M8.3 程度
千島海溝
日本海東縁
秋田県沖
M7.5 程度　3%程度以下
佐渡島北方沖
M7.8 程度　3 ～ 6%
三陸沖北部
M8.0 前後 Mt8.2 前後
2 ～ 20%
(繰り返し発生する地震以外の地震)
M7.1 ～ 7.6　90%程度
宮城県沖
M7.4 前後 発生確率は不明
(繰り返し発生する地震以外の地震)
M7.0 ～ 7.3　60%程度
日本海溝
三陸沖南部海溝寄り
M7.9 程度 ほぼ 0%
(繰り返し発生する地震以外の地震)
M7.2 ～ 7.6　50%程度
安芸灘～伊予灘～豊後水道の
プレート内地震
M6.7 ～ 7.4　40%程度
日向灘のプレート間地震
M7.6 前後　10%程度
三陸沖北部から
房総沖の海溝寄り
津波地震
Mt8.6 ～ 9.0 前後
30%程度
(特定海域では 7 %程度)
正断層型
M8.2 前後 Mt8.3 前後
4 ～ 7 %
(特定海域では 1 ～ 2 %)
駿河トラフ
相模トラフ
南海トラフ
日向灘
福島県沖
M7.4 前後 (複数の地震が続発)
10%程度
南海トラフの地震
M8 ～ M9 クラス
70%程度
相模トラフ沿いの
M8 クラスの地震
M8 クラス (M7.9 ～ M8.6)
ほぼ 0 ～ 5%
プレートの沈み込みに
ともなう M7 程度の地震
M7 程度 (M6.7 ～ M7.3)
70%程度
茨城県沖
M6.9 ～ 7.6　70%程度
(繰り返し発生するプレート間地震)
M6.7 ～ 7.2
90%程度以上
東北地方太平洋沖型
Mw8.4 ～ 9.0　ほぼ 0%
＊地震調査研究推進本部の
資料による (2015.1)
30 年以内の確率が
数%の海域でも
明日がその日になるかも
しれないのです

■ 根室沖でも巨大地震の可能性

近い将来、起こるおそれのある４つの地震や津波の最後は、「その他の海溝型地震」です。海溝型地震としては、ここまですでに、南海トラフを震源とする巨大地震のほか、首都直下地震のひとつとして相模トラフを震源とする地震について解説してきました。

しかし、４つのプレートの交差点にあたる日本列島の周辺には、ほかにもさまざまな海溝があり、そこを震源とする地震の可能性が指摘されています。なかでも地震の可能性が高いと指摘されているのが、北米プレートの下に太平洋プレートが沈み込んだ千島海溝付近の北海道東部沖合い（根室沖）です。

■ 確認されたアスペリティ

千島海溝の南にある日本海溝では、2011 年に宮城県沖を震源とした東北地方太平洋沖地震が発生し、東日本大震災を引き起こしました。この地震が巨大なものとなった原因として、２つのプレートがより強くくっついている「アスペリティ」の存在が注目されています（→ p.45「なるほど情報館」）。

東北地方太平洋沖地震発生前に、国土地理院がおこなった、人工衛星を使った汎地球測位システム（GPS）による調査では、震源となった地域で、たしかにアスペリティが存在していました。また、巨大地震発生の可能性が指摘されている南海トラフでも、とくに南海震源域で強いアスペリティが確認されています。

そして、これら２つにも匹敵するアスペリティの存在が、北海道東部沖合い（根室沖）の千島海溝付近でも確認されたのです。近い将来、ここを震源としてＭ９クラスの巨大地震が起こる危険性が高いとして、警戒されています。

アスペリティが存在してない場所でも海溝型地震が起こる可能性はありますから、たとえ発生の確率が少ないとしても油断はできません。しかし、海溝型地震にかぎらず、巨大地震が起こりやすい地域や時期は、科学的なデータを元に、少しずつ明らかになりつつあります。なかには南海トラフ巨大地震のように、発生の時期がある程度予測されているものもあります。こうした情報を活用して、近い将来、必ず発生する地震にそなえ、災害を少しでも軽減していくことが求められているのです。

深発地震のしくみと特徴

地下数百 km の深部で起こる地震を「深発地震」といいます。しくみは明らかになっていませんが、沈み込んだ海洋プレートが下部マントルとの境目で曲がり、ひずみがたまって地震が発生するとも考えられています。深発地震の特徴は、遠い場所にもゆれがほぼ同時に到達することです。震源から地表までの距離を、震央（震源の真上の地表の地点）から近い場所と遠い場所とで比べると、震源が深いほど、差が小さくなります。このため、震央から遠い場所にも、近い場所とほぼ同時に、同じ程度のゆれが起こるのです。

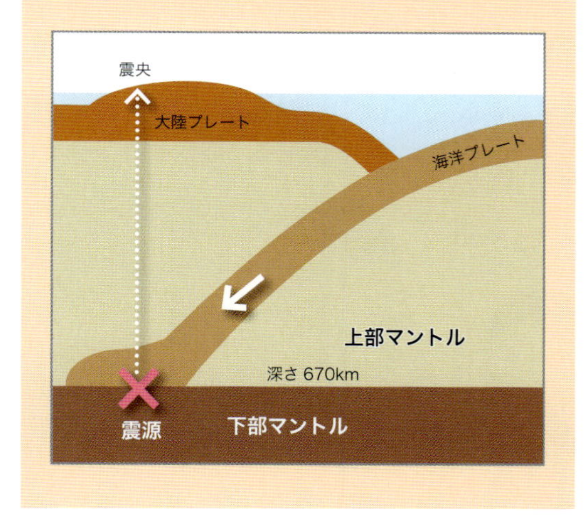

緊急地震速報と津波警報

■ 地震と津波にどうそなえる？

ここまで、地震と地震が引き起こす津波のしくみや、それらがもたらす被害について説明してきました。近い将来、必ずやってくるこの災害に対して、私たちはいったいどのように対処すべきでしょうか。

自分や家族の身を守り、被害を最小限に防ぐためにも、日ごろからのそなえは大切です。ここからは、どのようなそなえや知識が必要なのかを説明していきましょう。

■ 緊急地震速報とは

まずは、災害がやってくることをいち早く警告してくれる、緊急地震速報と津波警報・注意報について知っておきましょう。

緊急地震速報は、気象庁が提供する早期地震警報です。全国約 220 か所に設置された地震計と、人が感じない地震まで観測できる全国約 800 か所の高感度地震観測網を利用して、地震の発生直後に、強いゆれの到達時間や震度を予測します。そして、震度５弱以上の強いゆれが予測される地域については、テレビやラジオ、スマートフォンなどの携帯端末などで、大きなゆれがやってくる前に人々に知らせてくれます。

この情報は、地震波のＰ波が、強いゆれによる被害をもたらすＳ波よりも早く到達することを利用しています。

緊急地震速報のしくみ

緊急地震速報がとどくのは、ゆれが到着するほんの直前です。しかし、そのわずかな間に私たちは大きなゆれにそなえて、自分の身を守る準備をすることができます。また、列車のスピードをおさえたり、工場の機械をまえもって止めたりすることができるので、被害を未然に防いだり、なるべく小さくしたりすることができるのです。

緊急地震速報

	緊急地震速報（警報）	緊急地震速報（予報）
発表基準	最大震度５弱以上のゆれが予想された場合	最大震度３以上またはマグニチュード 3.5 以上と予想された場合
内容	● 地震の発生時刻、震源、地震の規模 ● 震度４以上が予想される地域	● 地震の発生時刻、震源、地震の規模 ● 震度４以上が予想される地域 ● 予想される震度 ● 震度４以上のゆれの到達予想時刻
主な伝達方法	テレビ、ラジオ、携帯電話、スマートフォン、防災行政無線など	民間の予報業務許可事業者が提供する専用の受信端末、スマートフォンの緊急地震速報アプリケーションなど

＊気象庁資料より

気象庁が発表する主な地震・津波情報

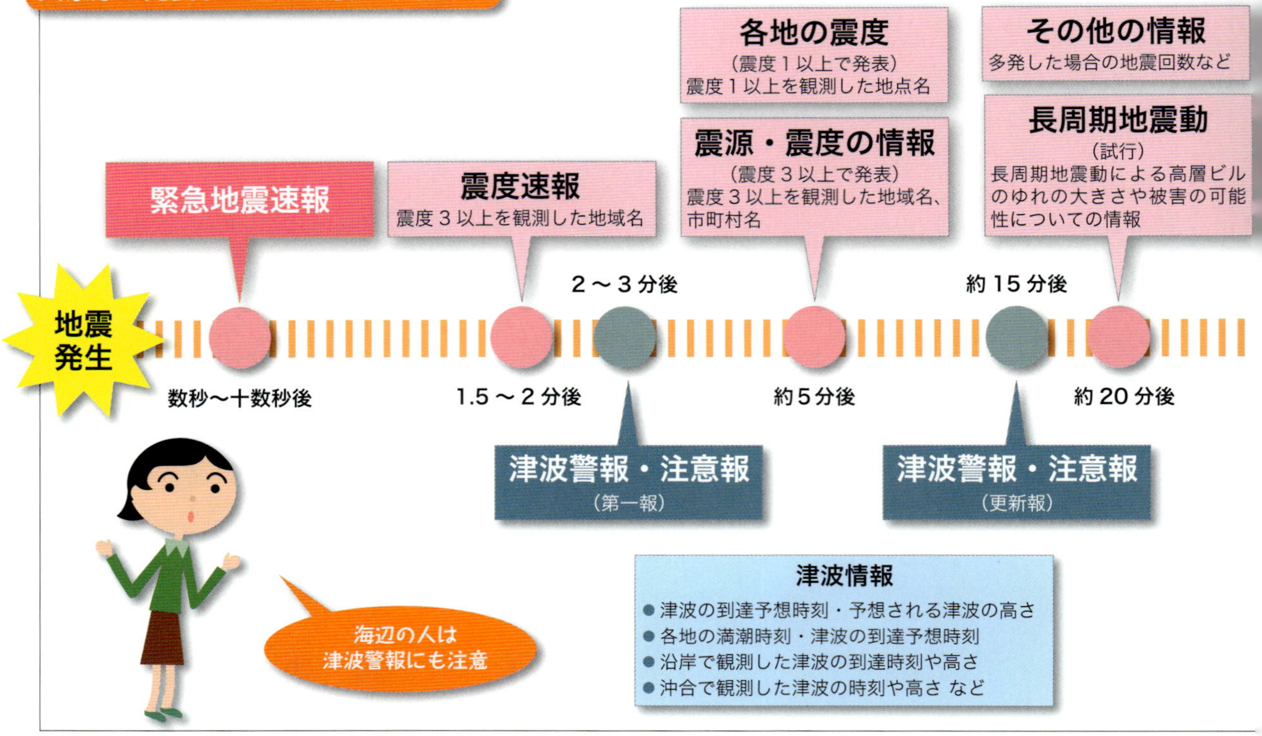

地震発生

緊急地震速報

数秒〜十数秒後

震度速報
震度３以上を観測した地域名

1.5〜２分後

２〜３分後

津波警報・注意報（第一報）

震源・震度の情報
（震度３以上で発表）
震度３以上を観測した地域名、市町村名

各地の震度
（震度１以上で発表）
震度１以上を観測した地点名

約５分後

約15分後

津波警報・注意報（更新報）

長周期地震動
（試行）
長周期地震動による高層ビルのゆれの大きさや被害の可能性についての情報

その他の情報
多発した場合の地震回数など

約20分後

海辺の人は津波警報にも注意

津波情報

- 津波の到達予想時刻・予想される津波の高さ
- 各地の満潮時刻・津波の到達予想時刻
- 沿岸で観測した津波の到達時刻や高さ
- 沖合で観測した津波の時刻や高さ など

津波警報・注意報

種類	発表基準	津波情報で発表する津波の高さの予想		津波警報・注意報を見聞きした場合にとるべき行動
		数値での発表（予想の区分）	巨大地震時の第一報*	
大津波警報	予想される津波の高さが高いところで３mを超える場合	**10m超**（10m〜）	**巨大**	●陸域に津波が襲い、津波の流れに巻き込まれるおそれがあるため、沿岸部や川沿いにいる人は、ただちに高台や避難ビルなど安全な場所へ避難する。 ●警報が解除されるまで安全な場所から離れない。
		10m（5〜10m）		
		5m（3〜5m）		
津波警報	予想される津波の高さが高いところで１mを超え、３m以下の場合	**3m**（1〜3m）	**高い**	
津波注意報	予想される津波の高さが高いところで0.2m以上、１m以下で津波による災害のおそれがある場合	**1m**（0.2〜1m）	（表記しない）	●陸域では避難の必要はない。 ●海の中にいる人はただちに海から上がって、海岸から離れる。海水浴や磯釣りは危険。 ●注意報が解除されるまで海に入ったり海岸に近づいたりしない。

*マグニチュード８を超えるような巨大地震では、精度のよい地震規模をすぐに求めることができないため、津波警報の第一報では、その海域で想定される最大のマグニチュード等を用いて発表。その後、より確度の高い津波警報に数値表現で更新。

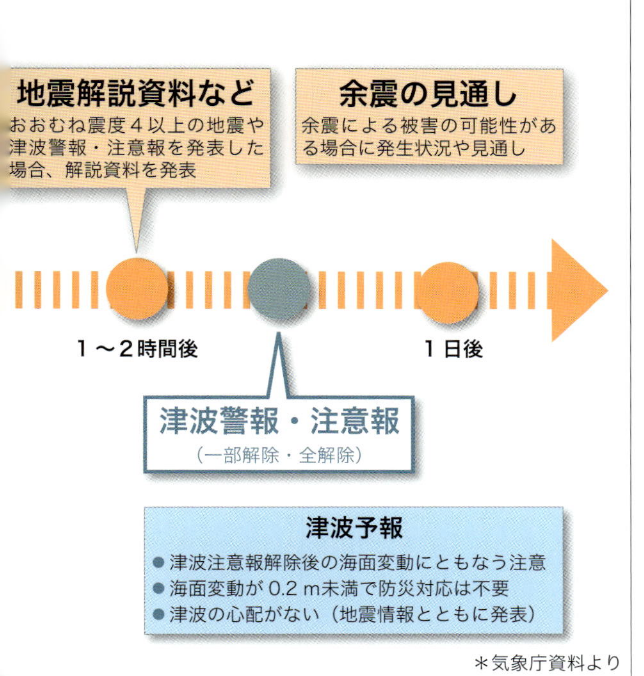

＊気象庁資料より

■ 津波警報・注意報とは？

津波警報と津波注意報は、地震が引き起こす津波について気象庁が発表する情報です。

津波の予測は、地震の2～3分後に第一報が出されます。通常の地震の場合、左の表のように1～10 m超の5段階で発表されますが、マグニチュード8を超えるような巨大地震が起きた場合は、「巨大」「高い」などわかりやすい表現で発表されます。

もし、「巨大」「高い」という発表があった場合、東日本大震災クラスの津波が襲ってくる可能性があるということです。ただちに安全な場所に避難する必要があります。

また、予測が低かった場合でも油断せず、安全な場所に避難することが大切です。

東海地震は「予知」できる？

地震の予知は可能なのでしょうか。多くの地震学者が地震予知の研究をおこなっていますが、今のところ、幅のある予測を立てることはできますが、具体的な日時を予知することはできません。

また、発生する直前（数日前）に地震を予知する直前予知も、今はまだ研究段階です。

実は、今のところ日本で唯一、この直前予知ができる可能性があるといわれているのが、東海地震です。それは、東海地震が前兆現象をともなう可能性があることや、予想されている震源域に、精度の高い観測網が整備できているなどの理由によります。それでも、現段階では「数日中に起きる可能性がある」というレベルで予測ができるだけで、「何月何日の何時に起きる」というところまで予知することはできません。

家庭でそなえる

■ 家屋の耐震診断

地震による犠牲者の多くは、家屋の倒壊によるものです。あなたがお住まいの住宅の耐震は大丈夫でしょうか。

住宅の耐震は、1981 年 6 月に建築基準法が改定されて、耐震基準が強化されています。この新基準では、それまでの震度５程度に耐える

木造住宅の耐震診断問診表　問診１～10 の該当項目の左の欄にチェック

問診 1	建てたのはいつごろですか？
	建てたのは 1981 年 6 月以降
	建てたのは 1981 年 5 月以前
	よくわからない

説明　1981 年 6 月に建築基準法が改正され、耐震基準が強化されました。1995 年阪神・淡路大震災において、1981 年以降に建てられた建物の被害が少なかったことが報告されています。

問診 2	いままでに大きな災害に見舞われたことはありますか？
	大きな災害に見舞われたことがない
	床下浸水・床上浸水・火災・車の突入事故・大地震・崖上隣地の崩落などの災害に遭遇した
	よくわからない

説明　ご自宅が長い風雪のなかで、床下浸水・床上浸水・火災・車の突入事故・大地震・崖上隣地の崩落などの災害に遭遇し、わずかな修復だけで耐えてきたとしたならば、外見ではわからないダメージを蓄積している可能性があります。この場合専門家によるくわしい調査が必要です。

問診 3	増築について
	増築していない。または、建築確認など必要な手続きをして増築をおこなった
	必要な手続きを省略して増築し、または増築を２回以上繰り返している。増築時、壁や柱を一部撤去するなどした
	よくわからない

説明　一般的に新築してから 15 年以上経過すれば増築を行う事例が多いのが事実ですが、その増築時、既存部の適切な補修・改修、増築部との接合をきちんと行っているかどうかがポイントです。

問診 4	傷みぐあいや補修・改修について
	傷んだところはない。または、傷んだところはその都度補修している。健全であると思う
	老朽化している。腐ったりシロアリの被害など不都合が発生している
	よくわからない

説明　お住まいになっている経験から、建物全体を見渡して判断してください。屋根の棟・軒先が波打っている、柱や床が傾いている、建具の建てつけが悪くなったら老朽化と判断します。また、土台をドライバー等の器具で突いてみて「ガサガサ」となっていれば腐ったりシロアリの被害にあっています。とくに建物の北側と風呂場まわりは念入りに調べましょう。シロアリは、梅雨時に羽蟻が集団で飛び立ったかどうかも判断材料になります。

問診 5	建物の平面（1 階）はどのような形ですか？
	どちらかというと長方形に近い平面
	どちらかというとＬの字・Ｔの字など複雑な平面
	よくわからない

説明　整形な建物は欠点が少なく、地震に対して建物が強い形であることはよく知られています。反対に不整形な建物は地震に比較的弱い形です。そこでまず、ご自宅の 1 階平面形が大まかに見て、長方形もしくは長方形と見なせるか、Ｌ字型・コの字型等複雑な平面になっているかのか選びとって下さい。現実の建物は凸凹が多く判断に迷うところですが、
ア）約 91cm（3 尺）以下の凸凹は無視しましょう。
イ）出窓・突出したバルコニー・柱付物干しバルコニーなどは無視します。

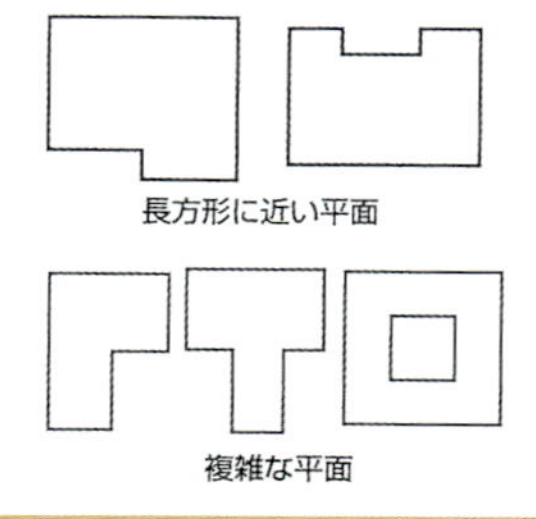

問診 6	大きな吹き抜けがありますか？
	一辺が 4 m以上の大きな吹き抜けはない
	一辺が 4 m以上の大きな吹き抜けがある
	よくわからない

説明　外見は形の整っている建物でも大きな吹き抜けがあると、地震時に建物をゆがめるおそれがあります。ここでいう大きな吹き抜けとは一辺が 4m（2 間）を超える吹き抜けをいいます。これより小さな吹き抜けはないものと扱います。

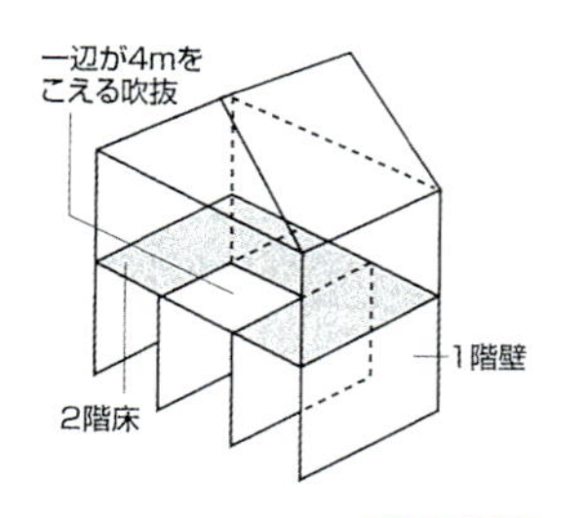

耐震補強工事を考える場合はまずはお住いの自治体に相談してみましょう

ということから、震度6強以上で倒壊しないということに改められました。さらに、建物の倒壊を防ぐだけでなく、建物内にいる人の安全を確保することに主眼がおかれています。1995年の阪神・淡路大震災では、1981年以降に建てられた住宅のほうが、被害が少なかったという報告があります。

木造家屋は下の表で診断してみましょう。

「誰でもできるわが家の耐震診断」（一財）日本建築防災協会より

問診7	1階と2階の壁面が一致しますか？
（青）	2階外壁の直下に1階の内壁または外壁がある。または、平屋建てである
	2階外壁の直下に1階の内壁または外壁がない
	よくわからない

説明 2階の壁面と1階の壁面が一致していれば、2階の地震力はスムーズに1階壁に流れます。2階壁面の直下に1階壁面がなければ、床を介して2階の地震力が1階壁に流れることとなり、床面に大きな負荷がかかります。大地震時には床から壊れるおそれがあります。枠組壁工法の木造（ツーバイフォー工法）は床の耐力が大きいため、2階壁面の直下に1階壁面がなくても、□にチェックとします。

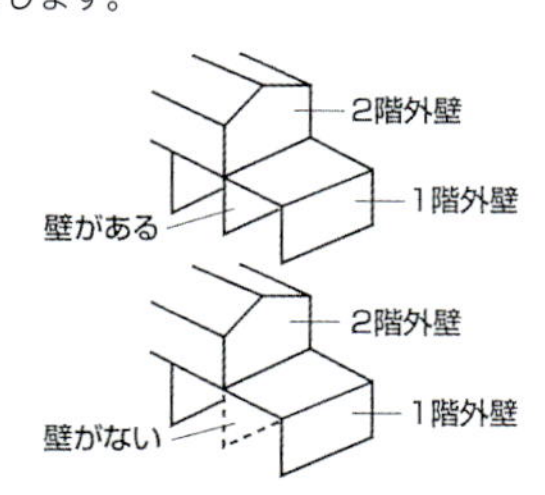

問診8	壁の配置（1階）はバランスがとれていますか？
（青）	1階外壁の東西南北どの面にも壁がある
	1階外壁の東西南北各面のうち、壁がまったくない面がある
	よくわからない

説明 壁の配置が片寄っていると、同じ木造住宅の中でも壁の多い部分はゆれが小さく、壁の少ない部分はゆれが大きくなります。そしてゆれの大きい部分から先に壊れていきます。ここでいう壁とは約91cm（3尺）以上の幅をもつ壁です。せまい幅の壁はここでは壁とみなしません。

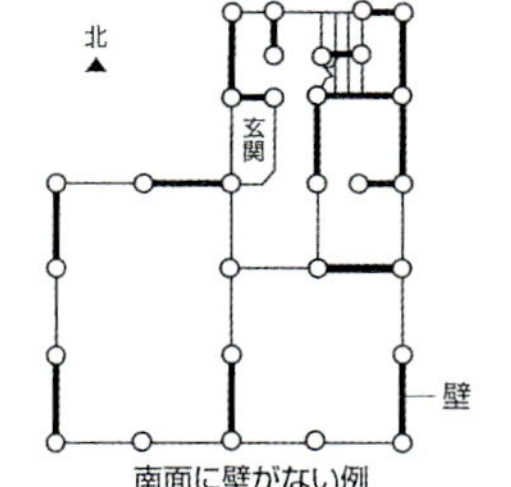

南面に壁がない例

問診9	屋根葺き材と壁の多さは？
（青）	瓦など比較的重い屋根葺き材であるが、1階に壁が多い。または、スレート、鉄板葺き、銅板葺きなど比較的軽い屋根葺き材である
	和瓦・洋瓦など比較的重い屋根葺き材で、1階に壁が少ない
	よくわからない

説明 瓦は優れた屋根葺き材のひとつです。しかし、やや重いため採用する建物ではそれに応じた耐力が必要です。耐力の大きさはおおむね壁の多さに比例しますので、ご自宅は壁が多いほうかどうか判断して下さい。

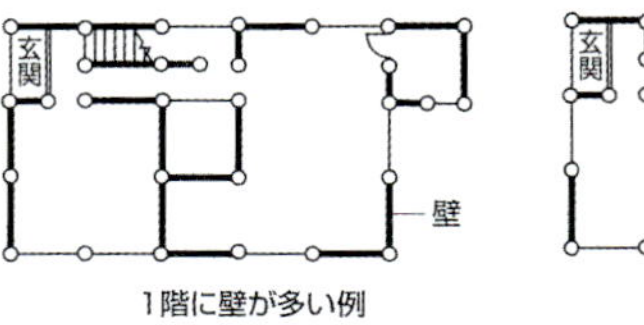

1階に壁が多い例

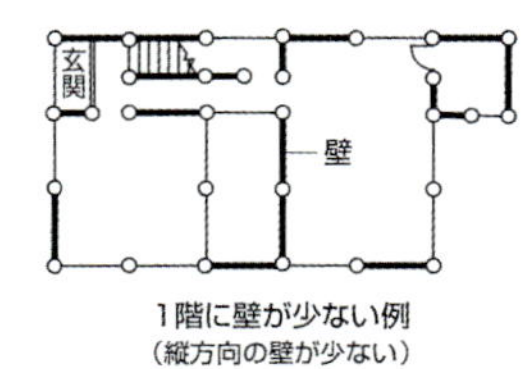

1階に壁が少ない例（縦方向の壁が少ない）

問診10	どのような基礎ですか？
（青）	鉄筋コンクリートの布（ぬの）基礎またはベタ基礎・杭基礎
	その他の基礎
	よくわからない

説明 鉄筋コンクリートによる布基礎・ベタ基礎・杭基礎のような堅固な基礎は、その他の基礎と比べて同じ地盤に建っていても、また同じ地震に遭遇しても丈夫です。改めてご自宅の基礎の種別を見直して下さい。

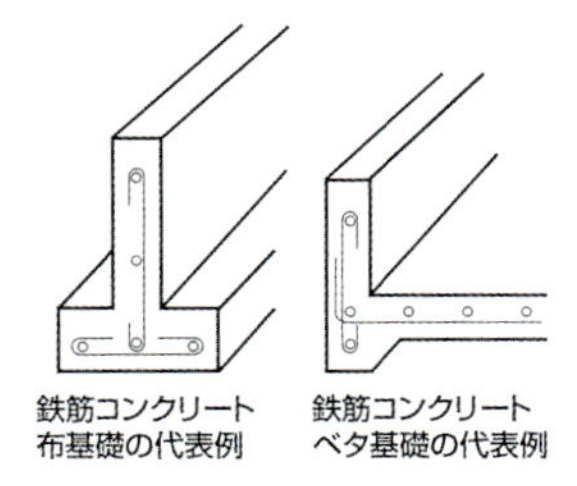
鉄筋コンクリート布基礎の代表例　鉄筋コンクリートベタ基礎の代表例

青い欄に入ったチェックの数

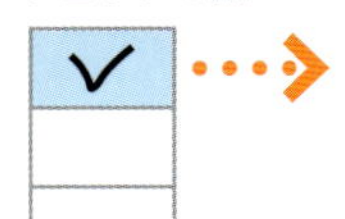

青い欄に入ったチェックの数	
10	ひとまず安心ですが、念のため専門家に診てもらいましょう
8～9	専門家に診てもらいましょう
7以下	心配ですので、早めに専門家に診てもらいましょう

家具類の固定

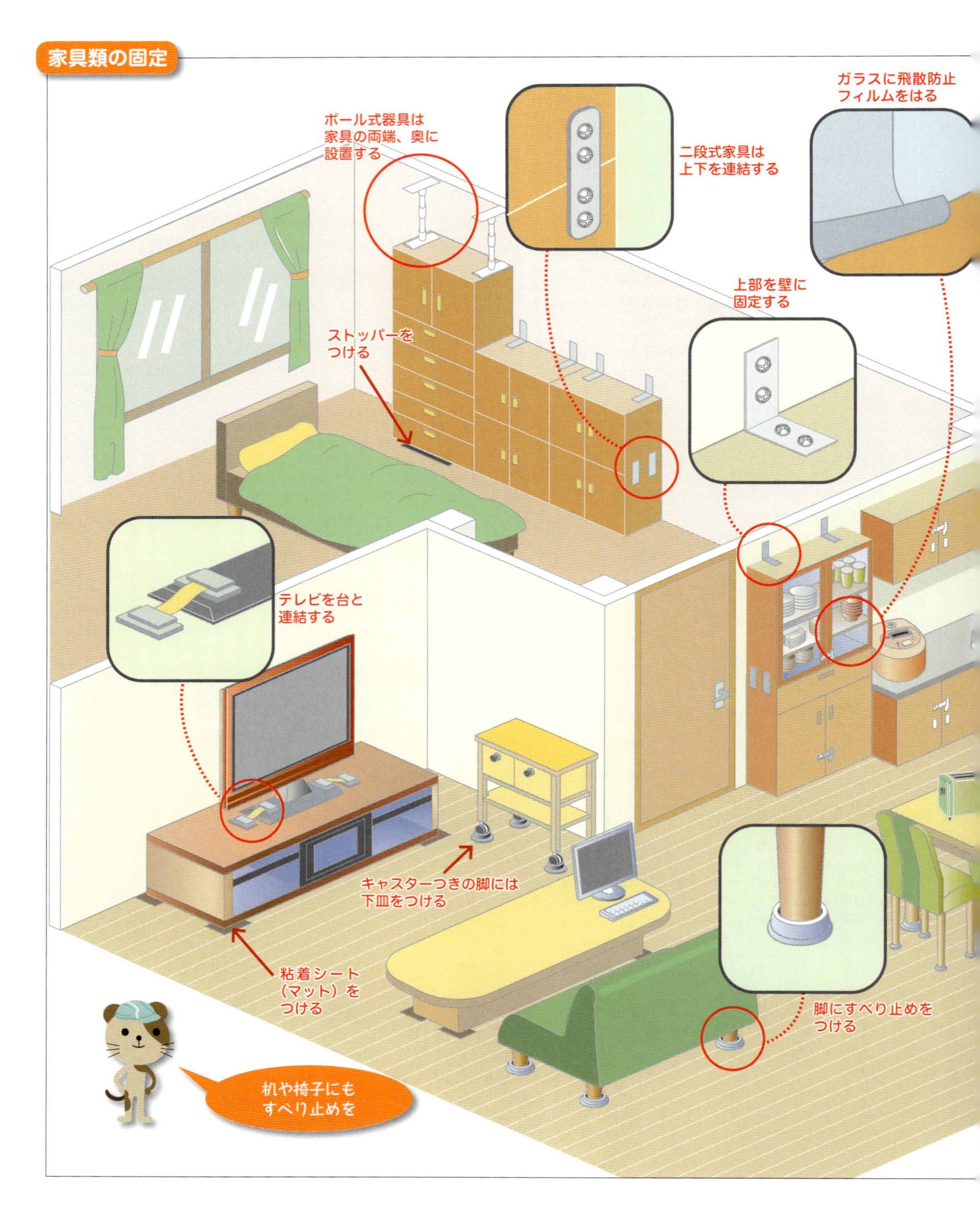

ポール式器具は
家具の両端、奥に
設置する
二段式家具は
上下を連結する
ガラスに飛散防止
フィルムをはる
上部を壁に
固定する
ストッパーを
つける
テレビを台と
連結する
キャスターつきの脚には
下皿をつける
粘着シート
(マット)を
つける
脚にすべり止めを
つける
机や椅子にも
すべり止めを

地震保険

火災保険では、地震や津波などによる損失、また、地震による火災も補償されません。

地震による家屋や家財などの損失を補償してくれるのが地震保険です。地震保険は、単独で加入することはできず、火災保険とセットで契約することになります。

■ 家具類の固定

近年発生した地震では、負傷原因の約30～50%が、家具類の転倒、落下、移動だというデータがあります。また、大きな家具が転倒したことで、逃げ道を失ってしまうケースもあります。

室内の家具や家電製品、照明器具を固定しておくことは、防災上とても重要なことなのです。

家具類の固定方法は、左の図のようにさまざまあります。大型の家具を固定する場合、もっとも安全なのは、L型金具を使って、家具の上部を壁に固定する方法です。逆に、壁に固定しないポール式器具（突っ張り棒）やストッパーを使う方法だけでは、効果は高くありません。突っ張り棒やストッパーを使う場合は、その2つを組み合わせて使うようにしましょう。

■ 家具類の配置にも注意

家具の配置にも注意が必要です。

部屋の出入り口近くに家具を置いておくと、転倒したりゆれですべって移動したりすることで、扉がふさがれてしまい、外に逃げ出しにくくなってしまいます。

また、枕元や、ソファ、食卓のそばに家具があると、頭の上に倒れてくる危険があります。

地震に備えて、寝室やいつもすわっている場所にはなるべく家具を置かないようにしましょう。置くときには、倒れにくい背の低い家具にしたり、人の方向に家具が倒れてこないように、置く向きを考えましょう。

■ 非常持ち出し品

地震にそなえて、救援物資などがとどくまでに必要なものを、各家庭で用意しておく必要があります。

避難する時に持ち出す、非常持ち出し品を準備し、リュックなどにいれおきましょう。

非常持ち出し品は、重すぎると避難場所に移動するときに負担になってしまいます。下の図に示すように必要最小限のものにします。食料は調理しなくても食べられるもの１日分、水は１人１日３ℓが目安です。

ラジオや懐中電灯の電池は、１年に１回は使えるかどうかチェックしておきましょう。

非常持ち出し品は、一家にひとつだけでなく、家族ひとりにひとつずつ用意して、寝室や玄関などに置いておきましょう。

■ 家庭での常備品

非常持ち出し品のほかに、万一自宅に閉じ込められて避難場所に移動できない場合や、ライフラインが復旧するまでの間、自宅での避難生活を少しでもすごしやすくするために必要なもの（右下の図）をコンテナなどに入れて、家の中の安全な場所に常備しておきましょう。

食料品は、調理しなくてもいいものだけでなく、簡単な調理で食べられるレトルトやインスタント食品も用意します。そのための携帯コン

ロや鍋、食器なども用意しましょう。これらはアウトドア用品が便利です。

布製の粘着テープは、メモを書いたり、飛び散ったガラスの片づけに役立ちます。また、家の扉をこじあけたり、閉じ込められた人を助けたりすることがあるかもしれません。こんなときに、バールやハンマーなどが役立ちます。

■ 水と食料の上手な備蓄法

水と食料には保存期限があります。1か月に1度は保存期限を確認して新しいものに交換することが必要です。備蓄する水と食料は、毎回の点検ごとに保存期限の近くなったものを食べて、代わりのものを買い足すといいでしょう。

常時携帯品

地震や津波はいつやってくるかわかりません。外出中に被災した時のために、次のようなものを携帯していると安心です。

笛…がれきの下などに閉じ込められた時、声を出せなくても、笛を吹くことで自分の居場所を伝えることができます。

災害時帰宅支援マップ…交通機関が動かない場合、歩いて家に帰るための地図です。

このほか、**緊急連絡先一覧**や**小型懐中電灯**、**携帯ラジオ**などもいざというときに役に立ちます。

会社や学校でそなえる

■ 会社や学校での準備

地震や津波などの災害は家にいるときだけ襲ってくるわけではありません。もし、あなたが会社員や学生であれば、会社や学校にいるときに被災する可能性のほうが高いかもしれません。

会社や学校では、防災担当の社員や先生が、書棚やロッカーなどの転倒や、照明器具の落下への対策をおこなっていることでしょう。ですが、どこまで対策ができているかは、会社や学校によって差があるかもしれません。みなさんの会社や学校では、どのような対策がおこなわれているでしょうか。

オフィスや教室であっても、転倒や落下の対策の基本は家の中と変わりません。自分の身を守るためにも、書棚やロッカーがしっかり固定されているか、地震があったときに自分のほうに倒れてきたり、落下してきたりしそうなものはないか、下の「オフィス家具の固定」の図も参考にして確認しておきましょう。

■ 個人で用意しておくもの

会社や学校にいる時に被災した場合、すぐに自宅まで戻ることは困難です。ですから会社や学校にも、家に用意しているような非常持ち出し品があると便利です。会社によっては、１人ひとりに非常持ち出し袋を支給しているところ

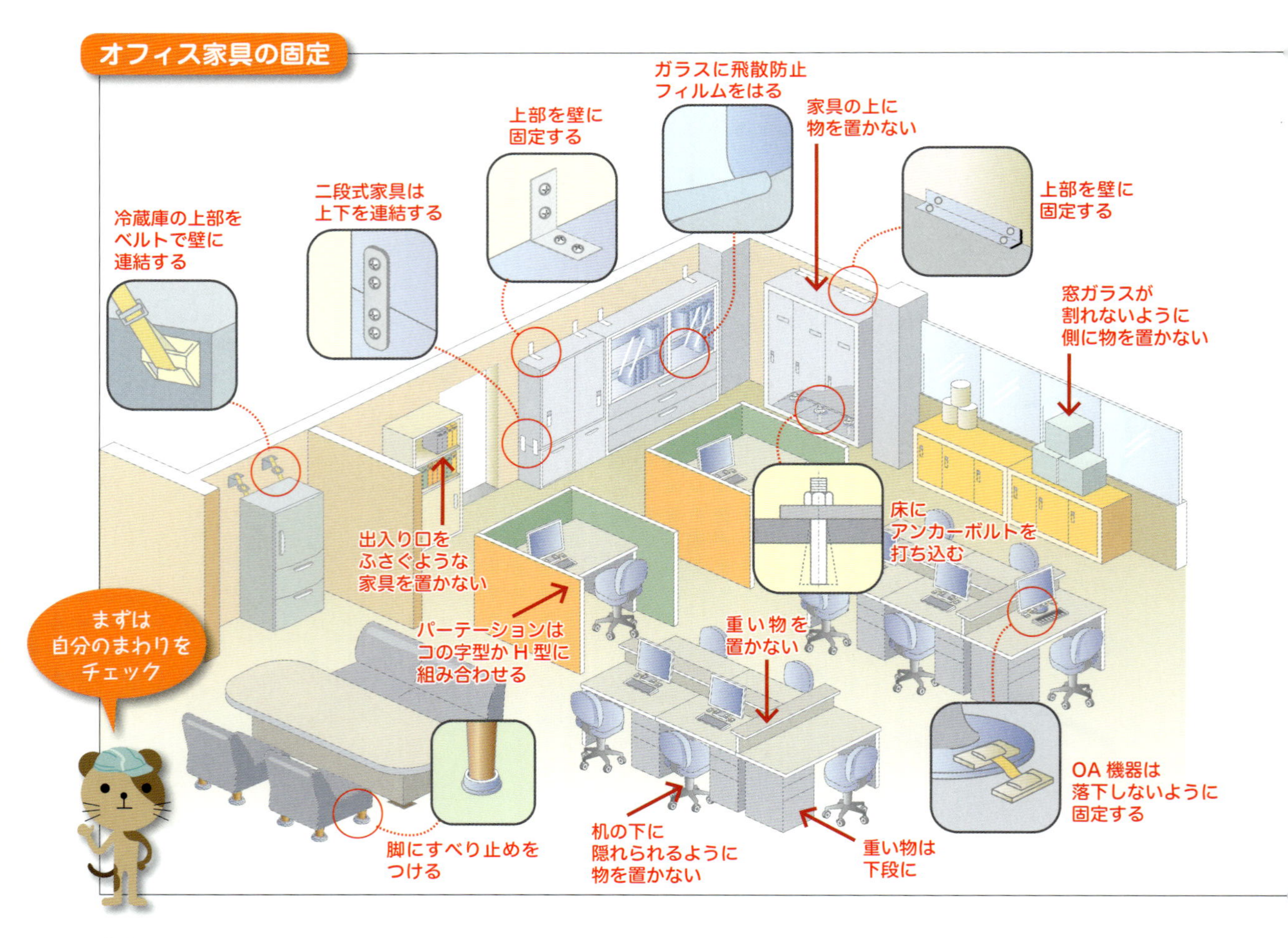

もあるでしょう。学校では非常時の対応が学校ごとにつくられていると思いますので、確認しておくといいでしょう。

また、93 ページで紹介した「常時携帯品」を、非常持ち出し品とは別に、いつも使っているかばんの中に入れておきましょう。

■ 帰宅路をシュミレーション

地震による被害が少ない場合でも、電車やバスなどの交通機関が止まってしまい、すぐに復旧しない場合もあります。首都直下地震が起きた場合には、最大 989 万人もの帰宅困難者が出るともいわれています。

会社や学校が家の近くにあればいいでしょうが、電車やバスに長時間ゆられて通っているとしたら、長い時間をかけて歩いて家に帰ることになります。

そんな時のために、歩きやすい靴のそなえは必須です。また、歩いて家に帰るための地図も用意しておきましょう。市販されている災害時帰宅支援マップには、安全に帰れるルートが書かれています。このような市販されているマップを利用したり、市販のマップをもとに、自分で帰宅ルートの地図をつくったりしてもいいでしょう。

本当は、帰宅ルートを実際に歩いて確かめることができればいいのですが、いそがしくてできない人が多いでしょう。そんな場合でも、地図を見てどのように家に帰るのかは、シミュレーションしておきましょう。

ゆれの大きい高層階ではさらにしっかりとした対策が必要です

- キャスターつきの家具類は、動かさない時はキャスターロックとともに、ベルトなどで壁に固定する
- 壁に接していないテーブルなどは、脚にすべり止めをつける
- 観賞用水槽などは台に固定し、台と壁を固定する
- 引き出し式の家具類は、ラッチつきのものなど、飛び出し防止をする
- 出入り口付近にキャスターつきの家具類を置かない
- つり下げ式の照明はゆれ防止をする

＊「家具類の転倒・落下・移動防止対策ハンドブック」東京消防庁より改変

免震構造と制震構造

地震に強い建物の構造に、「免震」と「制震」があります。どちらも、特殊な装置を使ってつくる構造です。

「免震構造」は、地面のゆれを免れる構造です。建物と地面を切り離してしまい、その間にゆれを吸収する装置を入れています。ゆれは少なくなりますが、地盤のやわらかい場所や、背の高いビルには適さないという問題点があります。

「制震構造」は、建物のゆれを制御する構造です。建物内部にゆれを吸収する装置を入れたり、ゆれと逆の動きをする装置を入れたりしてゆれを制御します。背の高いビルなどで多く採用されている構造です。

大地震発生！ その時どうする

■ 発生直後は自分の命を守る！

ここまでは地震がくる前の準備について説明してきました。ここからは、いざ地震が起きたときの対処についてです。

ある日の午後、あなたのスマートフォンに緊急地震速報が入りました。これまでも何回か緊急地震速報があったけれど、大きなゆれはなかったから今回も大丈夫……そんなふうに思ってはいけません。緊急地震速報が入ってから大きなゆれがくるまでは数秒～数十秒です。この間に大きなゆれにそなえて、身を守れる場所に移動しましょう。

地震発生の直前直後にすべきことは、とにかく自分の身を守ること。どのようにして身を守るかは、地震が起きたときにあなたがいる場所

自宅

自宅では
廊下や寝室など
「安全スペース」を決めておき
「緊急地震速報」が出たら
すぐにそこに避難する

リビングでは

頭を保護して安全な場所へ

クッションなどで頭を保護して、窓ガラスや転倒しそうなテレビ・家具から離れた安全な場所へ。頑丈な机があれば下にもぐり、机の脚をしっかりとつかむ

裸足で移動は危険。
ガラス片などで
ケガをしなしよう
スリッパなどを
履きましょう

お風呂では

すぐに安全な場所へ

入浴中は最も無防備な状態。洗面器などで頭を守り、ドアを開けて逃げ道を確保。避難するときは裸足によるケガに注意

によって異なります。96～99ページで紹介している図の内容をよく覚えておいてください。

ゆれが収まったら、津波警報が出ている場合は、いち早く安全な場所への移動をはじめましょう。そうでない場合は、台所などの火の始末をしてから、家族やまわりの人の安否を確認します。大きなゆれが収まっても、その後に余震があるので安心してはいけません。

なるほど情報館！

「正常性バイアス」

正常性バイアスという、人が陥りやすい錯誤があります。異常な事態が起きているのに、自分には被害は及ばないだろうと思ってしまうことです。「正常化の偏見」ともよばれます。地震などの時にも、この錯誤は起きます。その結果、避難行動が鈍くなって逃げ遅れ、災害の犠牲になってしまうことがあります。

正常化バイアスに陥らないようにするためには、災害の時にどのようなことが起きるのか正しい知識をもち、災害に対するシミュレーションを日ごろからおこなっておくことが重要です。

火はそのまま。すぐに避難

火を使っていても、すぐに安全な場所へ移動。キッチンは、熱湯や揚げ油、棚から飛び出す食器類、冷蔵庫の転倒など、危険がいっぱい。火はゆれが収まってから消す。最近ではゆれを感知するとガスは自動的に遮断される

枕で後頭部を保護

枕を後頭部にのせて落下物にそなえる。ゆれが収まったら、安全な場所へ。枕元にはつねに懐中電灯を用意しておく

ドアを開けて逃げ道を確保

ドアが変形して閉じ込められないように、すぐにドアをあける。古い木造家屋では四隅が柱で安全といわれたが、最近では壁だけでしきられたものもある

地震を感じたら
①身の安全
②出口の確保
ゆれが収まってから
火を消し
電源を落とす

日ごろの
イメージトレーニングが
大事ね

会社・学校では

頭を守って机の下へ

落下物や什器類の転倒にそなえ、鞄などで頭を守りながら机の下へ。ゆれが収まったら、責任者の指示に従って避難

電車内では

手すりや椅子につかまる

急ブレーキにそなえ、手すりや椅子にしっかりとつかまる。停止後は、乗務員の指示に従い、かってに電車から降りたりしない

海や山では

津波や土砂崩れなどに注意

海では津波警報・注意報が出ていなくても、すぐにできるだけ高い所へ避難。山では、急な斜面や尾根を避け、広く開けた場所へ避難

外出先

路上では

車の暴走に注意

電柱や歩道橋の倒壊、自動販売機などの転倒に注意し、広い場所に避難。車の暴走にも注意が必要

車の運転中は

ハザードランプをつけて減速

急ブレーキは事故を招くので厳禁。車は道路の左端や広場に止め、キーをつけたままロックせず、車検証や貴重品だけをもって避難

劇場や映画館では

席と席の間にもぐり込む

ゆれが収まるまでは、頭を保護しながら席と席の間にもぐる。係員の指示に従って非常口から避難

飲食店などでは

テーブルの下にもぐり込む

雑居ビル内の飲食店などでは、通路に飛び出すと、落下物や自販機などの転倒で危険。ゆれが収まってから非常口から避難

駅のホームでは

線路から離れる

線路への転落や電車との接触を避けるため、ホームの中央へ。鞄などで頭を守り、落下物に注意する。ゆれが収まったら、駅員の指示に従って避難

ビルの高層階では

窓から離れる

破損した窓から転落しないように、窓から離れ、安全なエレベーターホールなどに移動。ゆれが収まってから階段で避難

エレベータの中では

全部の階のボタンを押す

あわてずすべての階のボタンを押す。閉じ込められたら、非常呼び出しボタンを押す。すぐに応答がなくても、外部と連絡がとれるまでつづける。天井などからの自力脱出は厳禁

スーパーでは

陳列棚から離れる

スーパーなどでは、天井や棚からの落下物、棚などの転倒に注意。買い物カゴなどで頭を守りながら、陳列棚から離れ避難。非常口や階段など人が殺到する場所は要注意

ビルの側では

ビルの中に避難

ガラスや看板が落下するおそれがあるので、鞄などで頭を守りながら、ビルの中へ避難するか、ビルから離れる。あわてて車道に飛び出ださないように注意

避難マニュアル

■ 自宅からの避難

大きなゆれが収まり、家族の安否なども確認できました。この後はどうすればいいでしょうか。

まず、あなたが自宅で大地震にあった場合ですが、次の３つのどれかにあたるときは、すみやかに安全な避難場所に移動します。

❶ 火災が発生している
❷ 家屋が倒壊しそう
❸ 避難指示や避難勧告が出ている

これ以外の場合は、家屋に被害がない場合は自宅にとどまったほうがいいでしょう。

避難するときは、非常持ち出し袋を忘れてはいけません。外に出たら、隣近所の安否を確認してから移動しましょう。避難の流れは、下の図を参照してください。

もし、避難の途中で助けを求める人がいたり、火災が起きていたりした場合は、協力して消火活動や救助活動をしましょう。被災時は住民同士で助け合うことが重要になります。

■ 会社・学校からの帰宅

会社や学校で大地震にあった場合です。会社や学校が、電車やバスにのっていくような遠くにある場合は、家族や家のことが気になると思いますが、むやみに家に帰ろうとしてはいけません。まずは、自分の身の安全を確保することが大切です。会社や学校、あるいは最寄りの安全な場所で、ようすをみましょう。

安全に帰宅できるようになったら、帰宅ルートを検討します。交通機関が復旧していない場合は、徒歩で帰宅しなければなりません。災害時帰宅支援マップなどを利用して、安全なルートで家に帰りましょう。

家まで帰るのに、場合によっては数十 km 歩く必要があるかもしれません。ふだん歩きなれていない人が１日に歩ける距離は 10 〜 15km ほどです。無理せず、適度に休息をとりながら歩きましょう。体力に余裕をもって歩くことが肝心です。場合によっては、家に帰るのをあきらめる決断も必要です。

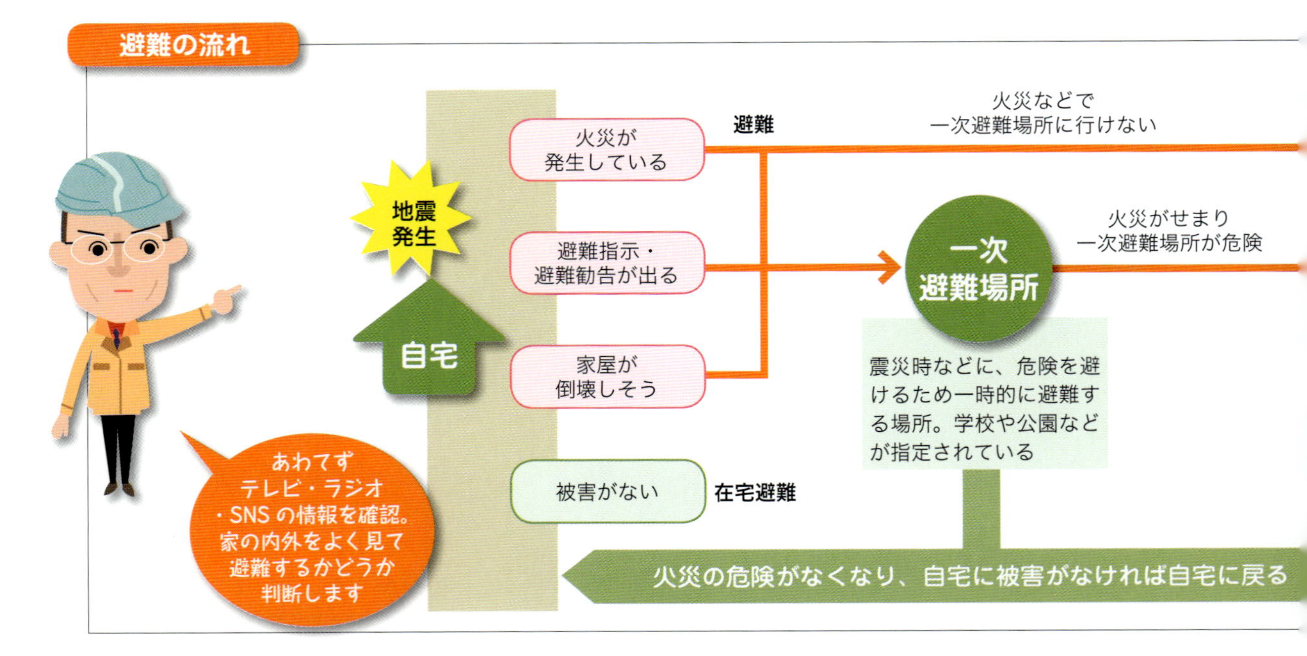

■ 避難所での生活

家が被害に遭っていたり、遠くの外出先で被災したりして、交通機関が復旧せずに自宅に戻れない場合、避難所でしばらく生活をする必要があります。

避難所では、体育館などの大きな室内で大勢の人が何日かをすごすことになります。1人当たりのスペースはほんのわずかです。ほかの人のプライバシーを侵害しないようにします。

そのような場所で、不自由な生活を、多くの見知らぬ人とすごすわけですから、ストレスもたまるでしょう。ですが、お互いに声をかけあって、協力しあって生活しましょう。とくに、お年寄りや妊婦、障害のある人など、十分な配慮を必要とする人への思いやりは大切です。

避難所では、ひとつの場所に大勢の人がいるので、インフルエンザなどの病気が流行しやすくなっています。健康管理や衛生管理の面でも、細心の注意が必要です。

ペットの避難

ペットは、飼い主にとって家族と同じです。地震などの災害時、大事なペットをどのように守ればよいでしょうか。ペットの保護は飼い主が責任をもっておこなうのが基本です。

まず、日ごろからの準備が大切です。いつ災害が起きてもいいように、ペットフードと水を1週間分はストックしておきます。また、災害の混乱ではぐれてしまったときのために、名前や連絡先を記したタグを首輪などにつけておくと安心です。

いざ災害が起きた時、まずは自分の身の安全を確保してから、ペットと一緒に避難しましょう。自宅に被害が少なく、避難所から定期的に面倒を見に行ける場合は、ペットはおいていくという選択肢もあります。

ペットの受け入れができない避難所もあるかもしれません。いざというときの預け先も考えておくとよいでしょう。

震災時などに、火災の延焼による危険から避難する場所。一次避難場所よりも広い大規模な公園や緑地などが指定されている

自宅に被害があり生活ができない

避難所

震災時など、住宅を失った人などが一定期間避難生活をする施設。学校の体育館や公共施設などが指定されている

地域の避難場所を確かめていちどは行ってみましょう

避難する時の注意点

- 電気のブレーカーを落とす
- ガスの元栓を閉める
- 安否メモを残す
- 徒歩で避難する
- 動きやすい服装で
- 荷物は必要品のみ
- 荷物は背負う
- デマに惑わされない

＊自治体によって避難方法や避難場所の呼称が異なる

情報収集と家族との連絡法

■ 災害時の情報収集

災害に遭った時に、情報収集は重要です。まわりの状況がわからないことほど、不安なことはありません。どれほどの災害だったのか、救援物資などはいつとどくのかなど、正確な情報を手に入れましょう。携帯ラジオはもちろんのこと、スマートフォンが手元にあれば、ツイッターやインターネットの掲示板、防災情報用のアプリなどによって、かなりの情報が手に入ります。ただし、ツイッターなどの情報には、デマが含まれることがあるので注意が必要です。

入手した情報は、まわりの人と共有しあいましょう。とくに、情報を入手しにくいお年寄りや外国人などとの情報共有は大切です。避難所に設置される掲示板などに張り出して共有するのもいいかもしれません。

■ 家族の安否確認

自分は無事に避難所に行くことができたけれど、家族とはぐれてしまった。あるいは、会社や学校で被災して、家族の安否がわからない。しかも、災害時のために携帯電話がつながりにくくて連絡がとれない。

そんな場合に役に立つのが、NTT が提供する災害用伝言ダイヤルです。また、メールや LINE は通話に比べると安否確認がしやすいツールです。そのほか、三角連絡法や比較的つながりやすい公衆電話を利用する方法もあります。

避難所の掲示板に、自分が無事であることを知らせる張り紙をしておくのも有効です。家族が見なくても、知り合いが気づいてくれれば、家族に連絡してくれることも期待できます。

いずれにせよ、ふだんからこうした安否確認のツールの使い方などを覚えておくことが重要です。

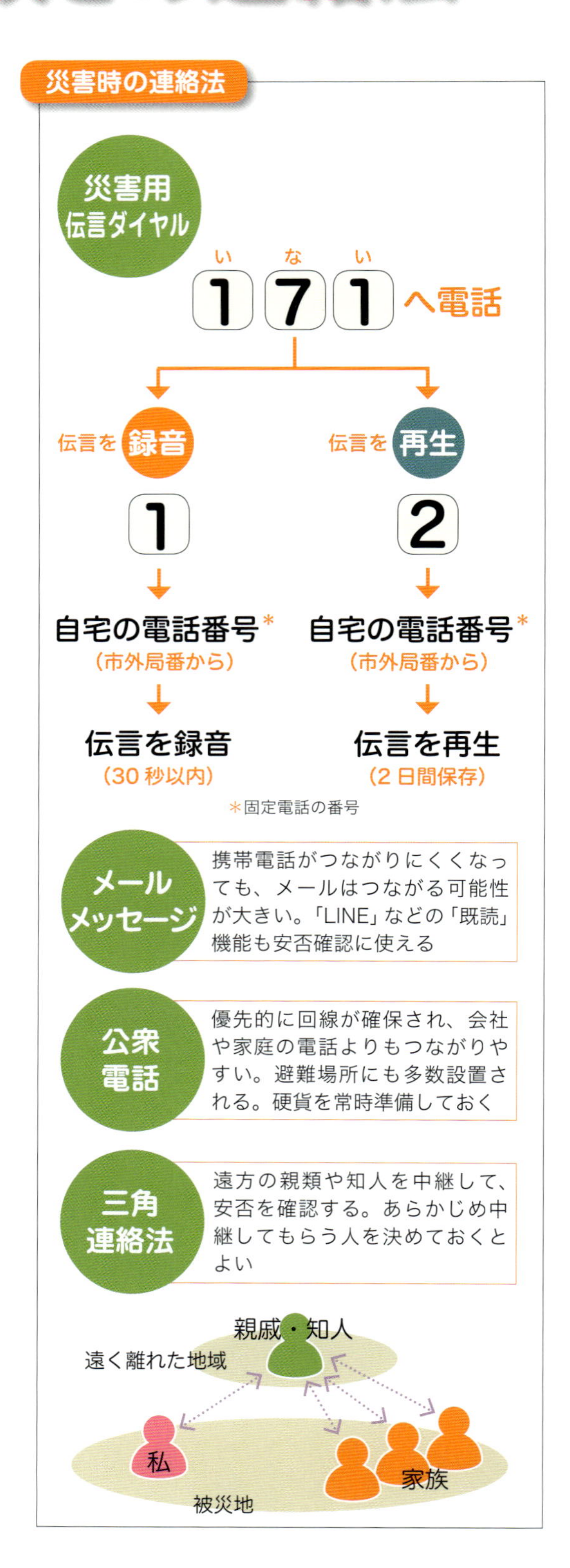

第 3 章

火山噴火にそなえる

火山はこうしてできる

■ 火山はマグマの活動でつくられる

火山というと、富士山や桜島のようにこんもりと盛り上がった山の形をイメージするかもしれません。しかし実際には、低い丘や、広い台地のようなものなど、さまざまな形があります。火山とは、マグマが噴出することによってつくられる特徴的な地形すべてのことをいうのです。

ですから、火山の地下には、必ずマグマがあります。マグマは、地下にある岩石がどろどろに溶けて液体状になったもので、700～1300℃という高温になっています。

火山の地下にあるマグマは、地表から数 km のところにたまっています。これを「マグマだまり」といいます。多くは、直径が数 km の大きさで、地上にある火山の大きさと比べると、それほど大きくはありません。

このマグマだまりのマグマが、あるきっかけで上昇し、火道とよばれるマグマの通り道を通って火口から噴出するのが噴火です。地表に

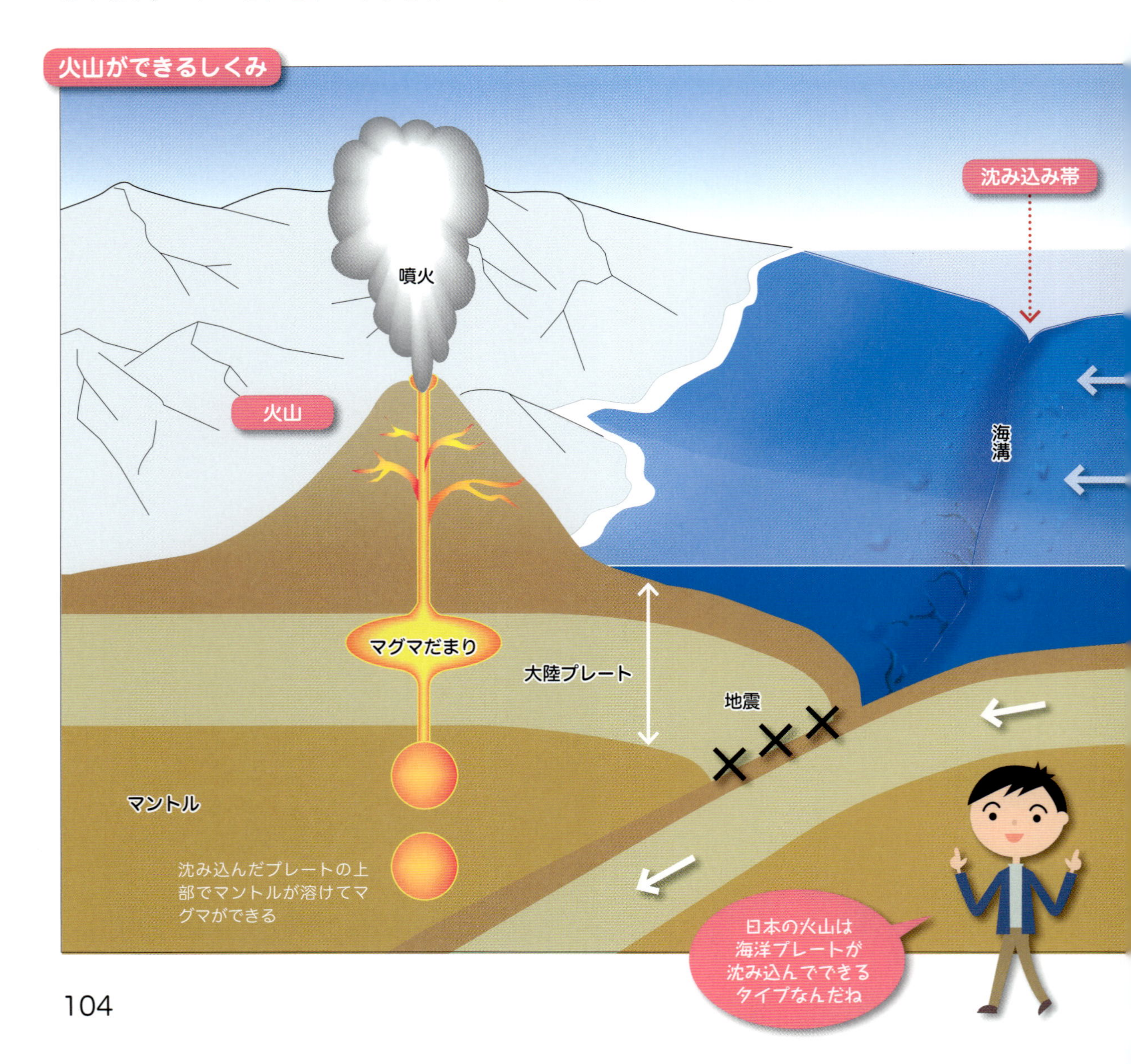

出たマグマを溶岩とよびます。

■ 火山ができる３つの場所

世界中にある約1500の活火山のある場所は、次の３つのどこかに分類することができます。

１つ目は、日本の火山のように、海洋プレートが大陸プレートに沈み込む場所です。ここでは、次ページでもくわしく説明するように、プレートがある深さに達すると、温度と圧力のバランスによってマグマが生まれます。

２つ目は、東太平洋海膨（かいぼう）（海嶺）のような中央海嶺です。ここは海底火山が海嶺に沿って連なり、その火山活動によって、プレートが生まれている場所です。ここのマグマは、マントルの対流によってマントルが上昇するときに部分的にマントルが溶けて生まれます。

３つ目は、ハワイ諸島のような、ホットスポットとよばれる場所です。プレートの動きとは無関係にマグマが存在する場所です。ここでは、地中の奥深くにあるマグマが、プレートを突き

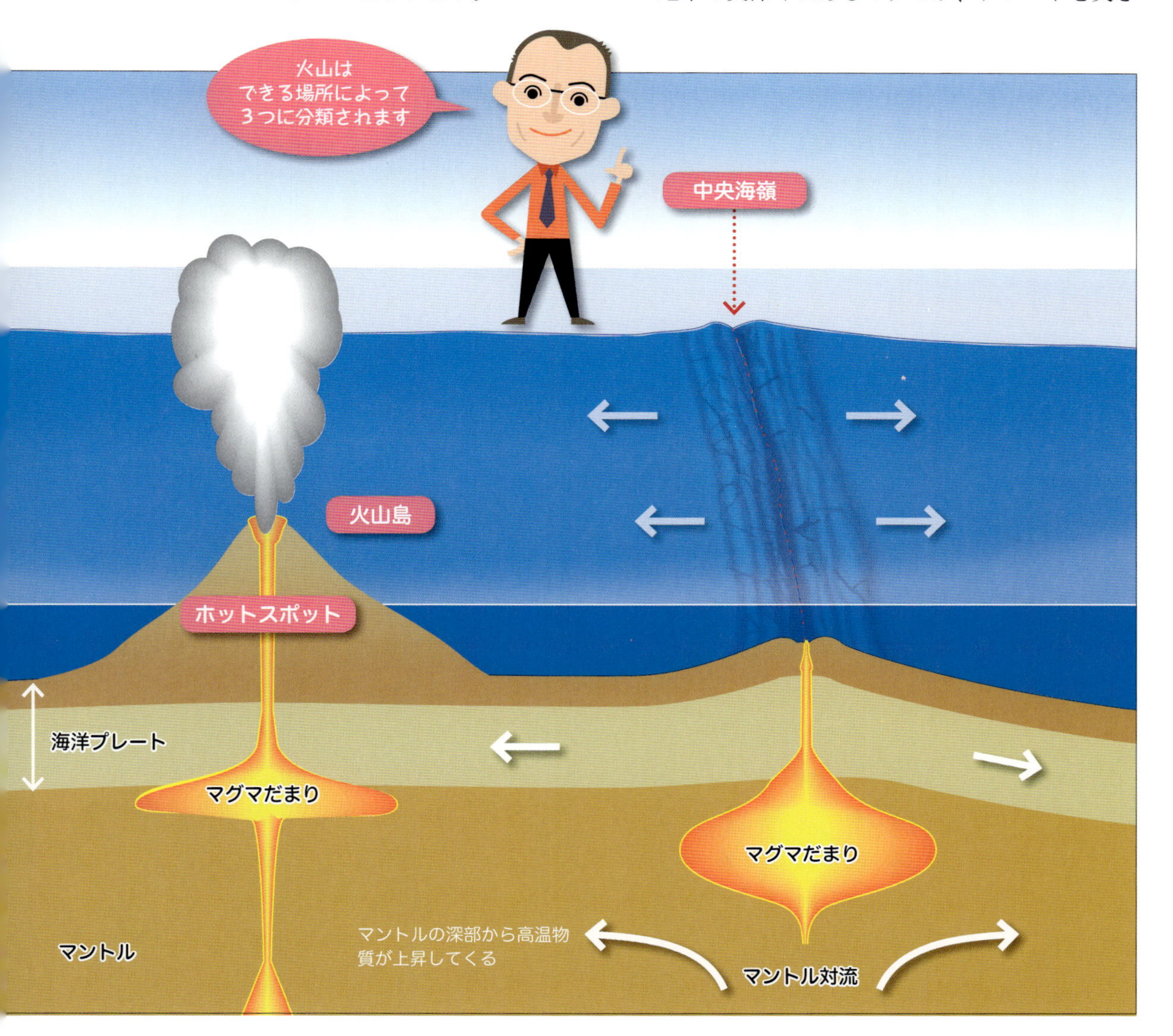

破って上昇し、火山活動を起こしています。

■ マグマはハワイと日本で違う

マグマはマントル（岩石）が溶けたものです。ところが、普通の状態では地中の温度で岩石が溶けることはありません。なぜなら、地中深くなるほど温度は高くなりますが、同時に圧力も高くなるので、岩石が溶けはじめる温度（融点（ゆうてん））も高くなるからです。マグマができるには特別な条件が必要です。ハワイや中央海嶺のようなところでは、地中深くから高温のマントルが温度を保ったまま上昇しています。すると、まわりの圧力が下がるために融点が下がるので、溶けてマグマができます。

一方、日本のようにプレートの端にあるところでは、マグマのでき方は異なります。

■ 日本のマグマは水がつくる

プレートの端でマグマができる大きなポイントは、プレートに含まれている水です。プレートが深さ100kmまで沈み込むと、この水がしみ出て、マントル内を上昇していきます。実は、水が入った岩石は、融点よりも低い温度で溶けるようになるのです。しかし、海洋プレートの真上のマントルは、冷たい海洋プレートに冷やされて温度が低いため、水が入っても溶けることはありません。深さ70～80kmの、温度が1000℃に達する深さまで上昇すると、岩石が溶けてマグマが生まれるのです。

マグマを含んだマントルは、まわりよりも軽いので、かたまりになって上昇します。これを、マントル・ダイアピルといいます。

マグマのでき方（沈み込み帯の断面）

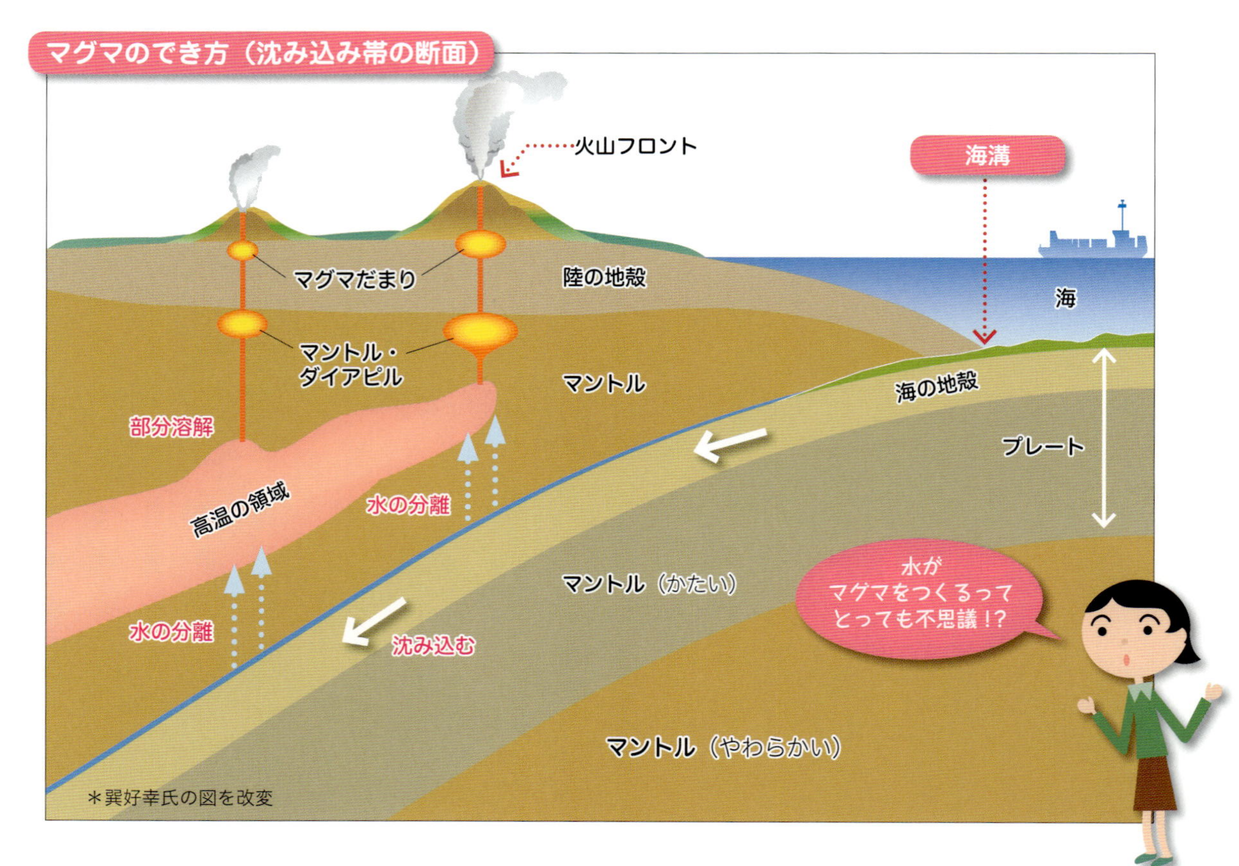

＊巽好幸氏の図を改変

マントル・ダイアピルは、地殻の底でいったん上昇をやめます。そしてその熱で地殻の底の岩石を溶かして新しいマグマを生み出します。新しくできたマグマは、地殻の中を上昇し、マグマだまりを浅い場所につくります。

■ 噴火の３つのモデル

こうして生まれたマグマだまりのマグマが、あるきっかけで地上に出て噴火します。そのきっかけはひとつではありません。次のような３つのモデルが考えられます。

１つ目は、マグマをしぼりだすモデルです。いわば、マヨネーズのチューブのように、まわりを押して、中身を絞り出す方法です。マグマだまりの周囲に圧力が加わったとき、液体のマグマが上昇をはじめ、圧力が一定以上になったとき、冷えたマグマでふさがっていた古い火道をこじ開けて噴火するのです。（下図のⓐ）

２つ目は、新しく供給されるマグマによって、マグマだまりのマグマが押し出されるモデルです。いわば、ところてんのような感じでしょうか。マグマだまりの底にもう１本管があります。この管から供給されるマグマによってマグマだまりの圧力が限界を超えたときに、マグマが上におしやられて噴火します。（下図のⓑ）

３つ目は、マグマが泡立って圧力が上がり、上昇するモデルです。マグマには、水（水蒸気）や二酸化炭素などのガスが溶け込んでいます。マグマだまりに、新しく熱いマグマが加わったり、地震でゆすられたり、マグマの中で岩石の結晶が増えたりすることで、マグマが泡立ち、圧力が上がって噴火するのです。（下図のⓒ）

噴火のしくみ（３モデル）

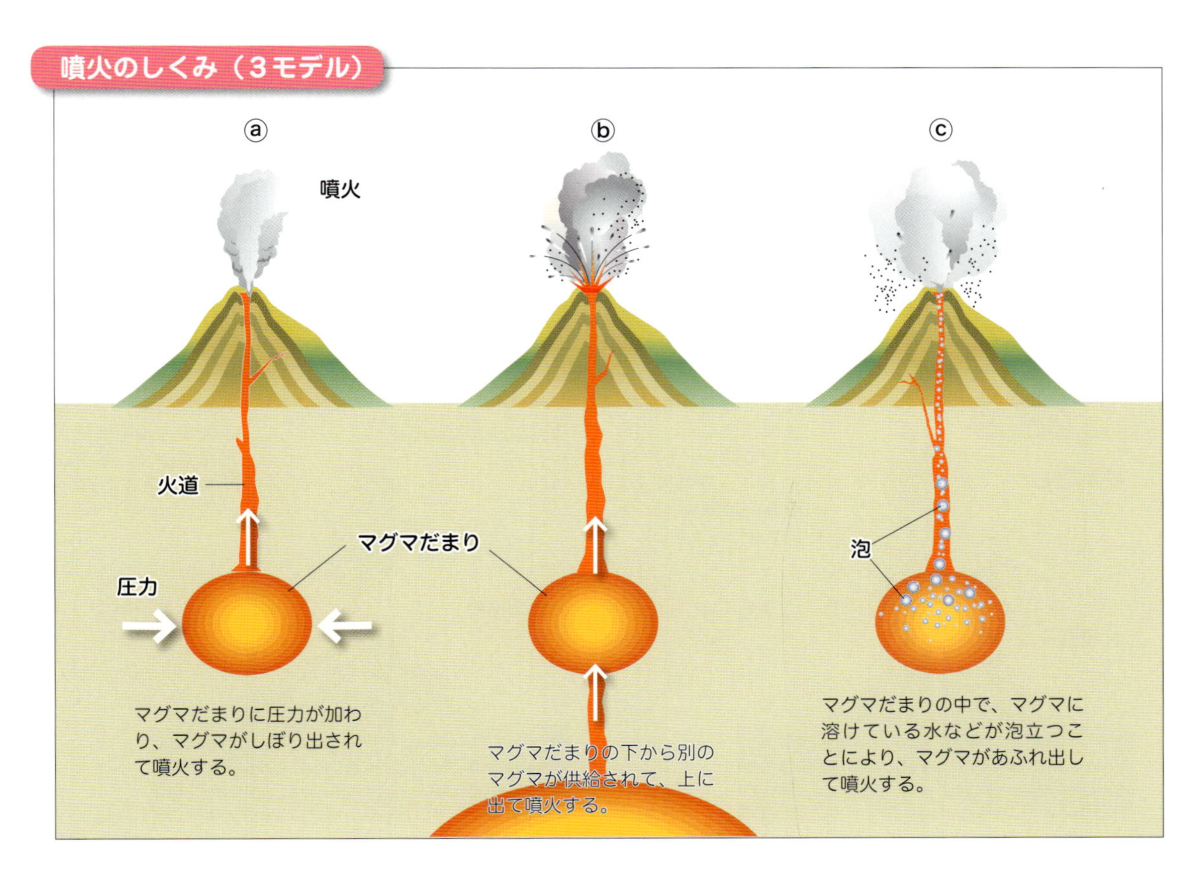
ⓐ
噴火
火道
マグマだまり
圧力
マグマだまりに圧力が加わり、マグマがしぼり出されて噴火する。
ⓑ
マグマだまりの下から別のマグマが供給されて、上に出て噴火する。
ⓒ
泡
マグマだまりの中で、マグマに溶けている水などが泡立つことにより、マグマがあふれ出して噴火する。

火山の形と噴火のタイプ

■ マグマの粘りけと火山噴火

マグマの中には、シリカ（二酸化ケイ素）という物質が入っています。このシリカは、マグマに粘りけをもたせる成分です。シリカが多ければ、マグマはドロリとした粘りけの強いものになり、ねっとりと流れます。弱ければ、サラッとした粘りけの少ないものになり、サラサラと流れます。

また、マグマにはマグネシウムや鉄といった金属元素も含まれています。マグネシウムと鉄は、シリカが粘りけをつくるのを邪魔するようにはたらくので、この２つの元素が多く含まれると、マグマの粘りけは弱くなります。

一般に、粘りけの強いマグマのほうが、はげしく噴き出す爆発的な噴火になり、粘りけの弱いマグマのほうが、溶岩をトロトロと流し出すだけの穏やかな噴火になります。

■ 火山の３つの形

マグマがつくり出す火山の形は、このマグマの粘りけによって、３つのタイプに分けることができます（下図）。

１つ目は、粘りけの強いマグマによってつくられる形です。粘りけが強いと、マグマが流れにくいので、火口付近に溶岩が盛り上がっていき、溶岩ドームを形成します。北海道の昭和新山や、雲仙普賢岳の平成新山などが代表的な例です。

２つ目は、粘りけがそれほど強くないマグマがつくり出す形です。流れ出した溶岩や、火山噴出物が層になっている火山です。これを成層火山といいます。火口から遠ざかるほど斜面がゆるやかになるのが特徴です。富士山や浅間山は、典型的な成層火山です。

３つ目は、粘りけの少ないマグマがつくり出す形です。マグマが流れやすいために、ゆるやかな斜面の盾状火山や溶岩台地を形成します。ハワイのキラウェア火山などが有名です。

■ 噴火のタイプ

2014年９月、岐阜県と長野県の境にある御嶽山が噴火を起こし、戦後最悪の犠牲者を出しました。この時の噴火は、「水蒸気爆発」でした。このように、火山の噴火には、マグマが地表には出てこないものもあります。

マグマの粘りけと火山の形

溶岩ドーム
爆発的噴火
火砕流
粘りけの強いマグマは流れにくく、火口付近で盛り上がり溶岩ドームをつくる。爆発的な噴火と火砕流を起こしやすい。
溶岩の粘りけ
強

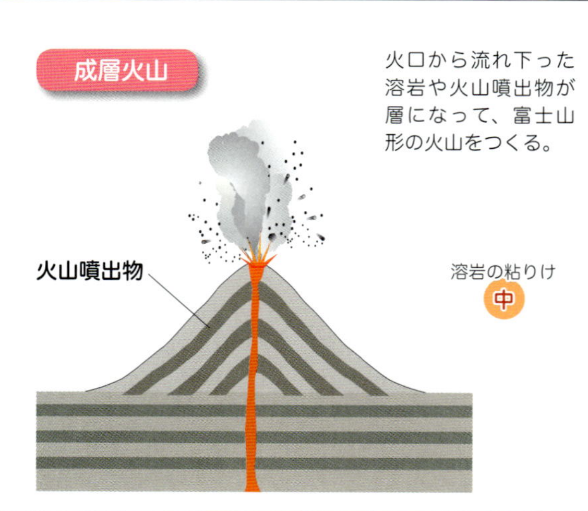
成層火山
火山噴出物
火口から流れ下った溶岩や火山噴出物が層になって、富士山形の火山をつくる。
溶岩の粘りけ
中

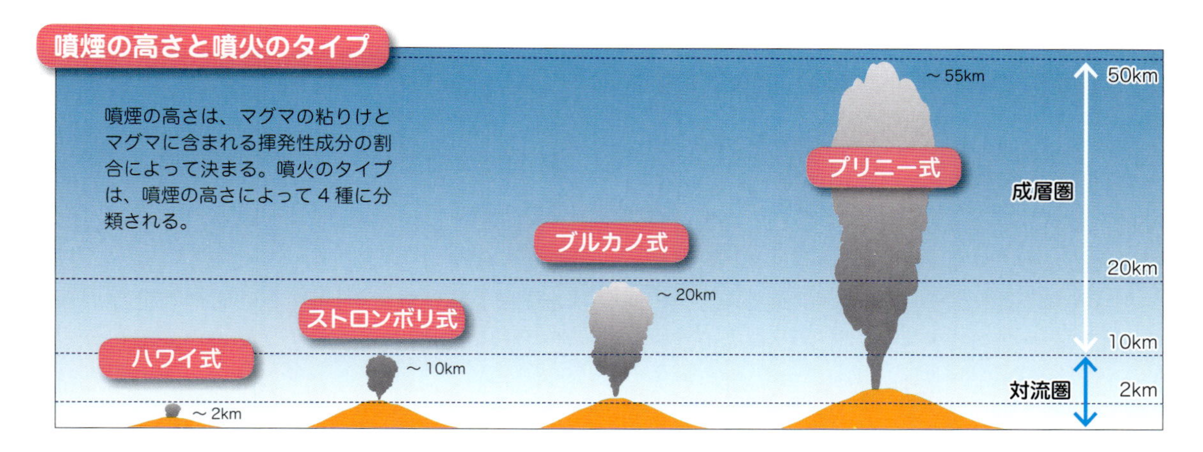

水蒸気爆発は、マグマの中にあった水蒸気や、マグマの近くにあった地下水が熱せられて水蒸気となって膨張し、地表を覆っていた岩石や火山灰を吹き飛ばしたものです。

「マグマ水蒸気爆発」というものもあります。これは、マグマの噴出と水蒸気爆発が同時に起きるものです。この噴火が起きると、きわめて大きな災害をもたらします。

また、噴煙の高さによる分類もあります。もっとも噴煙を高く上げるプリニー式噴火は、噴煙が成層圏まで達して広がり、広い範囲に大きな影響を及ぼします（上図）。

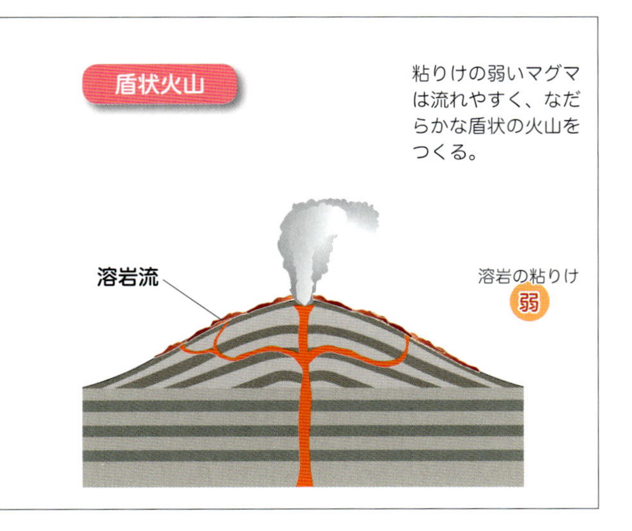

なるほど情報館

カルデラはこうしてできる

火山噴火によってできる地形のひとつにカルデラがあります。カルデラは、下の図のようにしてできます。

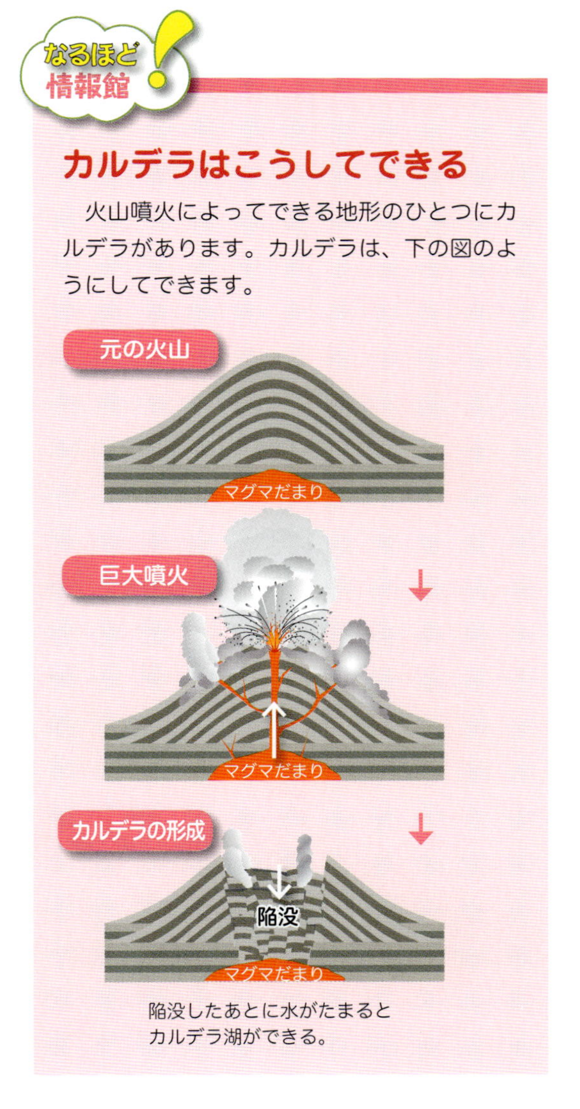

陥没したあとに水がたまるとカルデラ湖ができる。

火山噴火のこれが恐い

■ はげしく降り注ぐ噴石と火山弾

火山が噴火したときに恐ろしいものはいくつもありますが、人命にかかわるという点で、まず最初に噴石と火山弾をあげましょう。

爆発的な噴火によって、小石や大きな岩石が空から降ってきますが、これを噴石といいます。大きな噴石は風の影響を受けずに四方に飛び散ります。建物の上に落下したら、その屋根を突き破るほどの破壊力があり、人にあたって死傷した例もあります。

2014年の御嶽山の噴火では、時速350～400kmもの速さで噴石が飛んできたともいわれています。

火山弾は、噴出したマグマが流動性をもったまま、空中をまさに弾丸のように飛んでくるものです。かなり高温の状態で飛んできて、あたったらひとたまりもありません。

■ 猛烈なスピードの火砕流

火砕流(かさいりゅう)は、マグマの破片や空気、水蒸気、火山ガス、岩石のかけら、火山灰などが一体となって流れる現象です。1991年の雲仙普賢岳で多くの犠牲者が出た原因は、この火砕流でした。

火砕流は、500℃を超す、モクモクとした煙のようなものが、地面をはうように、時速100kmを上回る猛烈な勢いで流れ下っていきます。火砕流に巻き込まれたら、そこから逃げ出すことはまったく不可能です。そして、この高温高速の煙の流れは、通過した地域をすべて焼失し壊滅させてしまいます。(→p.117写真)

火山の噴出物

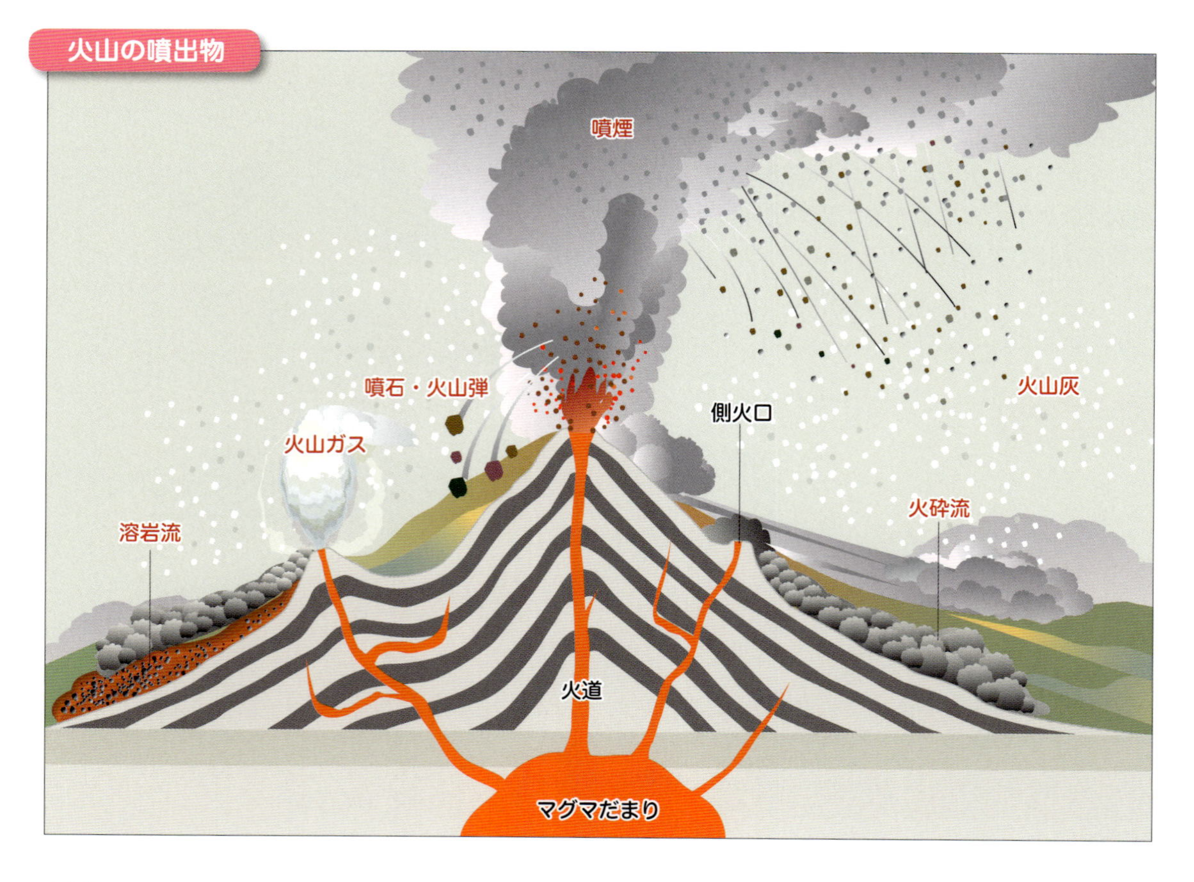

■ 森林や家屋を焼きつくす溶岩流

火口から出た溶岩が液体のまま、斜面を下って流れていくのが溶岩流です。そのスピードは、マグマの粘りけや、火山の地形などによって違いますが、それほど速くはなく、走って逃げることはできます。また、溶岩流はやがて冷えてかたまり、流れを止めるので、それほど広範囲に流れることはありません。

恐ろしいのは、1000℃もの高温で流れるため、溶岩流の進路にある森林や家屋、農地などをことごとく焼きつくし、溶岩の下に埋もれさせてしまうことです。

■ 広域に被害をもたらす火山灰

噴火によって噴出した直径２㎜以下の物体を火山灰といいます。火山灰の正体は、空気中で冷えかたまったマグマが、細かく砕かれたもので、灰とはいっても、実は天然のガラスのかけらです。

火山灰は、空中高く舞い上がり、上空の風にのって広範囲に運ばれていきます。たとえば、縄文時代に起きた鹿児島県の薩摩硫黄島（さつまいおうじま）近くのカルデラ噴火による火山灰は、日本中に降り積もりました。このように広範囲に降り注ぐ火山灰は、噴火が収まった後でも、広い地域で交通網のマヒや、農作物被害、水質汚濁など、社会生活の混乱を引き起こします。

■ 数十年も被害がつづく泥流

火山灰のほかにも、火山噴火が収まった後に、その影響によって起きる災害があります。それが泥流です。

噴火による火山灰や岩石が堆積したところに台風などで大雨が降ると、泥流を引き起こします。泥流は、進路にある巨岩を取り込んで流れ下る土石流になることもあります。噴火後数十年にわたって、泥流が発生することもあります。

マグマと岩石

マグマが冷えかたまってできる岩石を「火成岩（かせいがん）」といいます。火成岩は、そのでき方によって大きく２つに分けることができます。

地表に噴出して、急速に冷えかたまってできたものを「火山岩」といいます。玄武岩（げんぶがん）や安山岩（あんざんがん）、軽石（かるいし）などが代表的なものです。急速に冷えたため、岩石を構成する鉱物の結晶化がはあまり進んでいないのが特徴です。

火山の地下深くで、ゆっくりと冷えかたまったものを「深成岩」といいます。建材によく使われる花崗岩（かこうがん）や、閃緑岩（せんりょくがん）、斑レイ岩（はんれいがん）などが代表的なものです。ゆっくり冷えかたまったので、結晶化が十分に進んでいます。

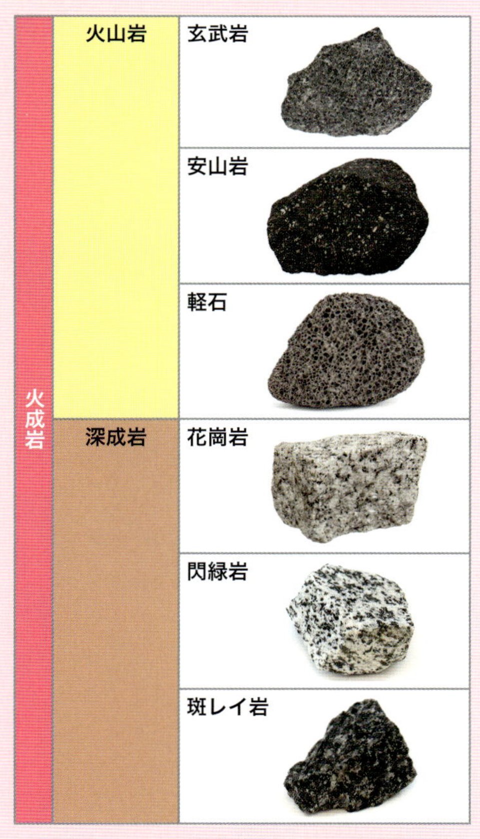

火成岩	火山岩	玄武岩
		安山岩
		軽石
	深成岩	花崗岩
		閃緑岩
		斑レイ岩

（写真提供：フォトライブラリー）

火山噴火と災害

■ 文明をも滅ぼす巨大噴火

日本列島は火山によってできているともいわれ、太古から噴火を繰り返し、数しれぬ災害をもたらしてきました。しかしその一方で、これらの火山活動が、変化に富んだ風光明媚な国土を形づくってきたのもまた事実なのです。

屈斜路湖、支笏湖、洞爺湖、十和田湖、阿蘇山。これらの地は、今では周囲に多くの温泉が涌き出る人気の観光地として知られていますが、みな過去の巨大噴火の跡なのです。

噴火によって大量のマグマが噴き出すと、マグマだまりの上部が支えを失って陥没します。こうしてできた大きなくぼみを、「カルデラ」といい、先ほど述べた観光地はすべてこのカルデラなのです。このほかにも、日本列島には、大きなカルデラがまだあります。

下の地図を見てください。九州の南部には、連なるようにして姶良カルデラ、阿多カルデラ、鬼界カルデラがあります。

姶良カルデラは、錦江湾（鹿児島湾）の北半分を占める巨大な火口で、桜島はその縁の一部なのです。この火山の噴火は2万9000年前といわれています。最も最近のカルデラ噴火が、鬼界カルデラで、7300年前に起きました。この噴火は過去1万年の間で地球上最大規模に匹敵する噴火といわれ、薩摩硫黄島ではじまった噴火は高さ30kmもの噴煙を上げ、火山灰は日本中に降り注ぎ、近畿地方でも厚さ20cmに達しました。

出土する土器など考古学の研究から、南九州で栄えていた縄文人たちが、この噴火で絶滅してしまったと考えられています。巨大噴火は、ひとつの文明をも滅ぼすのです。日本列島は、有史以前に、こんな過去も秘めています。

ここから、有史以降の噴火災害の歴史をみていきます。北から南まで多くの活火山が噴火し、被害をもたらしてきました。

過去の経験に学びながら、火山噴火による被害をいかに小さくするかを考えてみましょう。

日本列島噴火災害年表

西暦（和暦）	火山名	被害状況など
800（延暦 19）年～ 802 年	**富士山**	「延暦噴火」。降灰砂礫多量。足柄路は埋没。
864（貞観 19）年～ 866 年	**富士山**	「貞観噴火」。青木ヶ原溶岩流。溶岩で家屋埋没、湖の魚被害。
871（貞享 3）年 5 月 1 日	**鳥海山**	噴火。泥流、降灰、家屋破損。
886（仁和 2）年～ 887 年	**新島**	噴火。房総半島で降灰多く、牛馬死多数。
1108（天仁元）年 8 月 29 日	**浅間山**	「天仁大噴火」。追分火砕流、舞台溶岩流、広範囲の降灰砂、田畑被害大。
1112（天永 3）年 3 月 9 日	**霧島山**	噴火。神社焼失。
1113（天永 4）年 2 月 20 日	**霧島山**	噴火。霧島峰神社焼失。
1167（仁安 2）年	**霧島山**	噴火。寺院焼失。
1230（寛喜 2）年 11 月 22 日	**蔵王山**	噴火。噴石により人畜に被害多数。
1274（文永 11）年	**阿蘇山**	噴火。噴石、降灰により田畑荒廃。
1335（建武 2）年	**阿蘇山**	噴火。堂舎被害。
1404（応永 11）年	**那須岳**	噴火。近傍の諸村に被害。
1410（応永 17）年 3 月 5 日	**那須岳**	噴火。噴石や溶岩流などにより死者 180 余、牛馬被害多数。
1471（文明 3）年～ 76 年	**桜島**	「文明大噴火」。溶岩流出、噴石、降灰。死者多数。
1487（長享元）年 12 月 7 日	**八丈島**	西山噴火。飢饉。
1518（永正 15）年～ 23 年	**八丈島**	西山噴火。桑園被害大。
1532（永禄 4）年 1 月 4 日	**浅間山**	噴火。積雪が融解・流下し、山麓の道路、家屋に被害。
1554（天文 23）年～ 56 年	**白山**	噴火。小規模火砕流、噴石。社堂破壊、川魚に被害。
1566（永禄 9）年 10 月 31 日	**霧島山**	御鉢噴火。死者多数。
1579（天正 7）年 9 月	**白山**	噴火。火砕物降下、噴石。社堂破壊。泥流。
1584（天正 12）年 8 月	**阿蘇山**	噴火。田畑荒廃。
1596（慶長元）年 5 月 1 日～	**浅間山**	噴火。噴石により死者多数。
1605（慶長 10）年 10 月 27 日	**八丈島**	西山噴火。田畑被害。
1637（寛永 14）年～ 38 年	**霧島山**	噴火。野火発生で寺院焼失。
1640（寛永 17）年 7 月 31 日	**北海道駒ヶ岳**	噴火。山頂部が一部崩壊、津波発生で溺死 700 余。
1643（寛永 20）年 3 月 31 日	**三宅島**	噴火。阿古村（現在と別位置）全村焼失、旧坪田村は火山灰・噴石により、人家・畑埋没。
1648（慶安元）年 3 月	**浅間山**	噴火。積雪融解により追分駅流失。
1649（慶安 2）年	**日光白根山**	噴火。頂上の神社全壊。
1663（寛文 3）年 8 月 16 日	**有珠山**	噴火。家屋は焼失または埋没。死者 5。
1663（寛文 3）年 12 月	**雲仙岳**	噴火。土石流で死者 30 余。
1664（寛文 4）年	**硫黄鳥島**	噴火。地震、死者あり。
1684（貞享元）年 2 月末～	**伊豆大島**	噴火。溶岩流が海まで。地震多発、家屋倒壊。
1686（貞享 3）年 3 月～	**岩手山**	噴火。融雪型泥流発生。家屋・家畜に被害。
1694（元禄 7）年 5 月 29 日	**蔵王山**	噴火。神社焼失。
1706（宝永 2）年 12 月 15 日	**霧島山**	御鉢噴火。神社など焼失。
1707（宝永 4）年 12 月 16 日	**富士山**	「宝永噴火」。多量の降灰砂、噴火終息後も洪水などの土砂災害が続く。
1712（正徳元）年 2 月 4 日	**三宅島**	噴火。阿古村で泥水噴出により家屋埋没多数、牛馬死。
1716（享保元）年 11 月 9 日	**霧島山**	新燃岳噴火。火砕流発生。死者 5、負傷者 31、焼失家屋 600 余。
1721（享保 6）年 6 月 22 日	**浅間山**	噴火。噴石により登山者 15 名死亡、重傷者 1。

浅間山の「天明大噴火」では
降灰が東北地方にまで
及びました

西暦（和暦）	火山名	被害状況など
1740（元文5）年～47年	**鳥海山**	荒神ヶ岳の南東側山腹火口から噴火。水田、川魚に被害。
1741（寛保元）年8月18日	**渡島大島**	西山噴火。29日に大津波発生。死者1467、家屋流失791。
1764（明和元）年7月	**恵山**	噴気活動活発。死者。
1769（明和5）年1月23日	**有珠山**	噴火。「明和火砕流」。南東山麓の民家焼失。
1772（安永元）年～80年	**阿蘇山**	噴火。降灰により農作物に被害。
1777（安永6）年～92年	**伊豆大島**	噴火。溶岩流が海まで。全島にスコリア（岩滓）が降下。
1779（安永8）年11月8日	**桜島**	「安永大噴火」。噴石、溶岩流出。
1781（天明元）年4月	**桜島**	高免沖の島で噴火。津波により死者8、行方不明7、負傷者1。船舶損出6。
1783（天明3）年3月26日	**青ヶ島**	1780年ごろから噴火。噴石により家屋焼失61、死者7。
1783（天明3）年5月～8月	**浅間山**	「天明大噴火」。5月から8月まで噴火。吾妻火砕流、鎌原火砕流。下流では泥流となって吾妻川をふさぎ、決壊して利根川流域の村落を流失。鬼押し出し溶岩流。死者1151。家屋流失1061、焼失51、倒壊130余。
1785（天明5）年4月18日	**青ヶ島**	噴火。327人の居住者のうち死者推定130～140。全島民が八丈島へ避難。
1791（寛政3）年12月	**雲仙岳**	噴火。小浜で山崩れにより死者2。
1792（寛政4）年5月21日	**雲仙岳**	噴火。眉山（当時は前山）が地震とともに大崩壊、有明海に流れ込み津波発生。島原と対岸の肥後･天草に被害。死者約1万5000。「島原大変肥後迷惑」。
1800（寛政12）年～04年	**鳥海山**	噴火。噴石により登山者8名死亡。
1803（享和3）年11月7日	**浅間山**	噴火。噴石により分去茶屋倒壊。
1804（文化元）年～17年	**樽前山**	噴火。死傷者多数。
1813（文化10）年	**諏訪之瀬島**	噴火。溶岩流海に達し、全住民避難。1883年まで無人島に。
1815（文化12）年	**阿蘇山**	噴火。降灰多量、噴石、田畑荒廃。
1816（文化13）年7月	**阿蘇山**	噴火。噴石により死者1。
1822（文政5）年3月23日	**有珠山**	噴火。火砕流（「文政熱雲」）が発生、旧アブタ集落全滅。死傷者多数。
1828（文政11）年6月	**阿蘇山**	噴火。降灰砂多量、田畑被害。
1841（天保12）年5月～	**口永良部島**	新岳噴火。8月1日、村落焼亡、死者多数。
1846（弘化3）年11月18日	**恵山**	噴火。泥流、家屋被害、死者多数。
1854（安政元）年2月26日	**阿蘇山**	噴火。参拝者3名死亡。
1856（安政3）年9月23日	**北海道駒ヶ岳**	噴火。降下軽石で死者2、負傷者多数。家屋焼失17、火砕流で死者19～27。
1867（慶応3）年10月21日	**蔵王山**	噴火。御釜沸騰、洪水により死者3。
1872（明治5）年12月30日	**阿蘇山**	噴火。硫黄採掘者数名死亡。
1874（明治7）年7月3日	**三宅島**	北山腹噴火。溶岩により家屋埋没45、死者1。
1888（明治21）年7月15日	**磐梯山**	水蒸気爆発により大規模岩屑なだれ発生。山麓の5村11部落埋没。死者461（477とも）。家屋山林耕地の被害大。
1893（明治26）年5月19日～	**吾妻山**	噴火。6月7日、火口付近調査中の2名死亡。
1895（明治28）年2月15日	**蔵王山**	噴火。御釜沸騰、川魚被害。
1895（明治28）年10月16日	**霧島山**	御鉢噴火。山ノ根で噴石により家屋22出火。御鉢付近で岩塊にあたり死者4。
1896（明治29）年3月15日	**霧島山**	御鉢噴火。登山者1名死亡、負傷者1。
1897（明治30）年7月～8月	**草津白根山**	湯釜噴火、熱泥・湯噴出。硫黄採掘所全壊。8月3日の爆発で負傷者1。
1900（明治33）年2月16日	**霧島山**	御鉢噴火。爆発で重症者5、後に2名死亡。
1900（明治33）年7月17日	**安達太良山**	噴火。火口の硫黄採掘所全壊。死者72。山林耕地に被害。前年にも噴火。
1902（明治35）年7月15日	**草津白根山**	弓池北岸で噴火。浴場・事務所の建物全壊。
1902（明治35）年8月	**伊豆鳥島**	8月上旬爆発。全島民125名死亡。

大正4年の焼岳の噴火で
上高地に大正池ができたのね

西暦（和暦）	火山名	被害状況など
1903（明治 36）年 4 月～ 8 月	**硫黄鳥島**	噴火。噴石。全島民、一時久米島に移住。
1910（明治 43）年 7 月 25 日～	**有珠山**	噴火。前日の地震で虻田村で半壊 15。噴火により、家屋・山林・耕地に被害。泥流で死者 1。「明治新山（四十三山）」形成。
1911（明治 44）年 5 月 8 日	**浅間山**	噴火。噴石により死者 1、負傷者 2。空振により家屋に被害。
1911（明治 44）年 8 月 15 日	**浅間山**	噴火。死者多数。
1913（大正 2）年 5 月 29 日	**浅間山**	噴火。登山者 1 名死亡、負傷者 1。
1914（大正 3）年 1 月 12 日	**桜島**	「大正大噴火」。溶岩流出、噴石、降灰、大地震も。村落埋没あり。死者 58、負傷者 112、地震による全壊家屋約 120 など。農作物被害大。
1915（大正 4）年 6 月 6 日～	**焼岳**	噴火。泥流が梓川をふさぎ、決壊により洪水発生。大正池、完成。
1920（大正 9）年 12 月 14 日	**浅間山**	噴火。噴石により峰の茶屋焼失。
1923（大正 12）年	**霧島山**	御鉢噴火。死者 1。
1926（大正 15）年 5 月 24 日	**十勝岳**	噴火。熱い岩屑なだれが積雪を融解、大規模泥流発生。上富良野・美瑛 2 村埋没。死者・行方不明 144、負傷者約 200。建物 372 棟や山林耕地に被害。
1926（大正 15）年 9 月 8 日	**十勝岳**	噴火。行方不明 2。
1928（昭和 3）年 2 月 23 日	**浅間山**	噴火。噴石により分去茶屋焼失。屋根の破損多数。山麓で空震により被害。
1929（昭和 4）年 6 月 17 日	**北海道駒ヶ岳**	噴火。噴石、降下軽石、火砕流（軽石流）、火山ガスで 8 町村で被害。家屋の焼失、全半壊、埋没など 1915 余。死者 2、牛馬の死 136。
1930（昭和 5）年 8 月 20 日	**浅間山**	噴火。火口付近で死者 6。
1931（昭和 6）年 4 月 2 日	**口永良部島**	新岳の西側山腹爆発。土砂崩壊。負傷者 2。馬・山林田畑被害。
1931（昭和 6）年 8 月 20 日	**浅間山**	噴火。死者 3。
1932（昭和 7）年 10 月	**草津白根山**	噴火。火口付近で死者 2、負傷者 7。山上施設破損甚大。
1932（昭和 7）年 12 月	**阿蘇山**	噴火。火口付近で負傷者 13。
1933（昭和 8）年 5 月 10 日	**箱根山**	大涌谷で噴気噴出、死者 1。
1933（昭和 8）年 12 月 24 日～ 34 年 1 月 11 日	**口永良部島**	噴火。七釜集落全焼。死者 8、負傷者 26。家屋全焼 15、牛馬・山林耕地に被害大。
1936（昭和 11）年 7 月 29 日	**浅間山**	噴火。登山者 1 名死亡。
1936（昭和 11）年 10 月 17 日	**浅間山**	噴火。登山者 1 名死亡。
1938（昭和 13）年 7 月 16 日	**浅間山**	噴火。登山者若干名死亡。農作物被害。
1939（昭和 14）年 8 月 18 日	**伊豆鳥島**	噴火。噴石、溶岩流。住民・海軍気象観測所、全員撤退。
1940（昭和 15）年 4 月	**阿蘇山**	噴火。負傷者 1。
1940（昭和 15）年 7 月 12 日～	**三宅島**	噴火。山腹噴火の後、山頂噴火。死者 11、負傷者 20。牛被害 35、家屋の全壊・焼失 24。その他被害大。
1941（昭和 16）年 7 月 13 日	**浅間山**	噴火。死者 1、負傷者 2。
1942（昭和 17）年 2 月 2 日	**草津白根山**	噴火。割れ目発生。火口付近の施設破損。
1943（昭和 18）年～ 45 年	**有珠山**	噴火。死者 1、負傷者 1。家屋破損・焼失、農作物に被害。「昭和新山」形成。
1946（昭和 21）年 1 月～ 11 月	**桜島**	「昭和噴火」。溶岩流出、山林焼失、死者 1、農作物の被害大。
1947（昭和 22）年 8 月 14 日	**浅間山**	噴火。噴石、降灰、山火事、登山者 9 名死亡。
1949（昭和 24）年 8 月 15 日	**浅間山**	噴火。負傷者 4。
1950（昭和 25）年 9 月 23 日	**浅間山**	噴火。登山者 1 名死亡、負傷者 6、山麓でガラス破損。
1952（昭和 27）年 9 月	**ベヨネース列岩**	17 日、海底噴火。噴火した浅瀬を「明神礁」と命名。24 日、調査中の海上保安庁の観測船「第 5 海洋丸」遭難、31 名殉死。
1953（昭和 28）年 4 月 27 日	**阿蘇山**	噴火。観光客 6 名死亡、負傷者 90 余。
1955（昭和 30）年 10 月 13 日	**桜島**	南岳山頂で爆発。死者 1、負傷者 7、多量の降灰で農作物に被害。

1986年伊豆大島では
1万人の島民全員が
噴火から14時間弱で
脱出したんだ

西暦（和暦）	火山名	被害状況など
1955（昭和30）年10月15日	**桜島**	南岳爆発で負傷者2。
1957（昭和32）年10月13日	**伊豆大島**	噴火爆発で火口付近で観光客1名死亡、重軽傷者53。新火口生成。1950年代から70年にかけて、伊豆大島では断続的に噴火がつづいた。
1958（昭和33）年6月24日	**阿蘇山**	噴火。死者12、負傷者28。建築物に被害。
1958（昭和33）年11月10日	**浅間山**	噴火。多量の噴石、火砕流、広範囲で空振による被害。
1959（昭和34）年2月17日	**霧島山**	新燃岳噴火。噴石、降灰多量。森林・耕地に被害大。
1959（昭和34）年6月8日〜	**硫黄鳥島**	噴火。全島民86名、島外移住。1967年の噴火で硫黄採掘者も撤退し、無人島に。
1961（昭和36）年8月18日	**浅間山**	噴火。行方不明1、耕地、牧草に被害。
1962（昭和37）年6月17日〜	**焼岳**	噴火。火口付近の山小屋で負傷者2。
1962（昭和37）年6月29日	**十勝岳**	噴火。噴石により硫黄鉱山事務所を破壊。死者5、負傷者11。
1962（昭和37）年8月24日	**三宅島**	噴火。噴火後、有感地震が頻発。家屋焼失5。道路・山林・耕地に被害。
1964（昭和39）年	**桜島**	南岳が噴火。2月3日には中岳で登山者8名重軽傷。
1965（昭和40）年10月31日	**阿蘇山**	噴火。噴石により建築物に被害。年末まで火山活動がつづく。
1966（昭和41）年11月22日	**口永良部島**	噴火。噴石。負傷者3、牛死亡1。
1971（昭和46）年12月27日	**草津白根山**	温泉造成のボーリング孔のガス（硫化水素）もれで、死者6。
1973（昭和48）年2月1日	**浅間山**	噴火。空振、火砕流で被害。
1973（昭和48）年6月1日	**桜島**	噴火。火山礫により負傷者1。
1974（昭和49）年6月17日	**桜島**	土石流・鉄砲水などにより、8月9日とあわせ死者8。
1974（昭和49）年7月28日	**新潟焼山**	噴火。噴石のため山頂付近で登山者3名死亡。
1976（昭和51）年8月3日	**草津白根山**	本白根山白根沢（弁天沢）で、滞留火山ガスにより登山者3名死亡。
1977（昭和52）年8月7日〜78年10月	**有珠山**	噴火。噴出物による家屋や農林被害。地殻変動により道路や建物・上下水道などに被害。78年10月の二次泥流により死者2、行方不明1。「有珠新山」形成。
1979（昭和54）年9月6日	**阿蘇山**	噴火。楢尾岳周辺で噴石による死者3、重軽傷者11。火口東駅舎被害。
1983（昭和58）年10月3日〜4日	**三宅島**	「昭和58年三宅島噴火」。溶岩流出。多量の岩塊・火山灰で住宅埋没・焼失約400。山林耕地などに被害。
1986（昭和61）年11月15日〜12月18日	**伊豆大島**	「昭和61年伊豆大島噴火」。11月21日夜から、全島約1万人が島外への避難開始。
1986（昭和61）年11月23日	**桜島**	噴火。噴石が古里町のホテルに落下、重軽傷6。
1990（平成2）年11月17日〜95年	**雲仙岳**	噴火。91年5月、溶岩ドーム出現。ドーム崩壊による火砕流・土石流が頻発。6月3日、火砕流により死者・不明43、建物被害179。93年6月23日も死者1。最大時1万1000人が避難。
1995（平成7）年2月11日	**焼岳**	安房トンネル建設現場で水蒸気爆発。土砂崩れで作業員4名死亡。
1997（平成9）年7月12日	**八甲田山**	山麓の田代平で、窪地に滞留した二酸化炭素により訓練中の自衛官3名死亡。
1997（平成9）年9月15日	**安達太良山**	火山ガス（硫化水素）により、沼ノ平で登山者4名死亡。
1997（平成9）年11月23日	**阿蘇山**	観光客2名が火山ガスによる喘息発作などで死亡。
2000（平成12）3月31日〜01年9月	**有珠山**	噴火。地殻変動や噴石などで建物・道路・鉄道などに被害。
2000（平成12）年6月〜02年	**三宅島**	6月26日地震活動開始。海底噴火。7月から山頂噴火、カルデラ形成。8月、噴火、低温火砕流。9月はじめに全島民避難。以後、噴火活動低下後も火山ガスの放出が続き、全島民への避難指示は2005年2月1日まで続く。
2004（平成16）年9月1日	**浅間山**	噴火。農作物被害、ガラスなどに被害。
2011（平成23）年2月1日	**霧島山**	新燃岳噴火。噴石、空振により負傷者42、自動車ガラスなどの破損946。
2014（平成26）年9月27日	**御嶽山**	噴火。紅葉シーズンの昼ごろ、登山客でにぎわう山頂付近を水蒸気爆発が襲い、死者・行方不明63、負傷者69。被害は主に噴石による。

＊「日本火山総覧」などより作成

噴火災害

● **御嶽山**（おんたけさん） 火山灰に埋もれた山頂付近と捜索にあたる救助隊。2014年10月4日（写真提供：朝日新聞フォトアーカイブ）

雨にぬれた火山灰は
かたくなって
行方不明者の捜索を
困難にしました

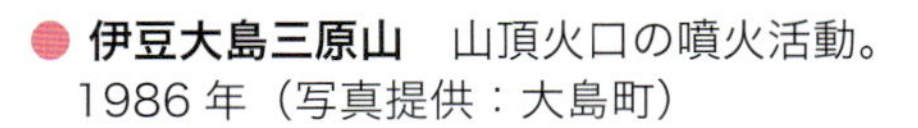

● **伊豆大島三原山** 山頂火口の噴火活動。1986年（写真提供：大島町）

● **雲仙普賢岳** 山をかけくだる高温の火砕流。1991年（写真提供：島原市）

[③ 活発化する火山活動]

次に噴火する火山は

■ 常時監視される 47 の火山

日本にある 110 の活火山のうち、火山噴火予知連絡会によって「火山防災のために監視・観測体制の充実等が必要な火山」として選定された火山は、24 時間体制で監視・観測されています。

常時観測火山は 47 ですが、最近、新たに活発化が懸念されている青森県の八甲田、青森県と秋田県にまたがる十和田、富山県の弥陀ヶ原の 3 つの追加が検討されています。(→p.120)

また、気象庁では、それぞれの火山活動の状況に応じて、噴火警戒レベル（→p.130）を随時発表しています。ここでは、2015 年 10 月末の噴火警戒レベルをもとに、今後噴火の可能性がある火山をみていきましょう。

火山監視・観測のしくみ

観測データはリアルタイムで火山監視・情報センターに送られ、24 時間体制で監視・観測している。

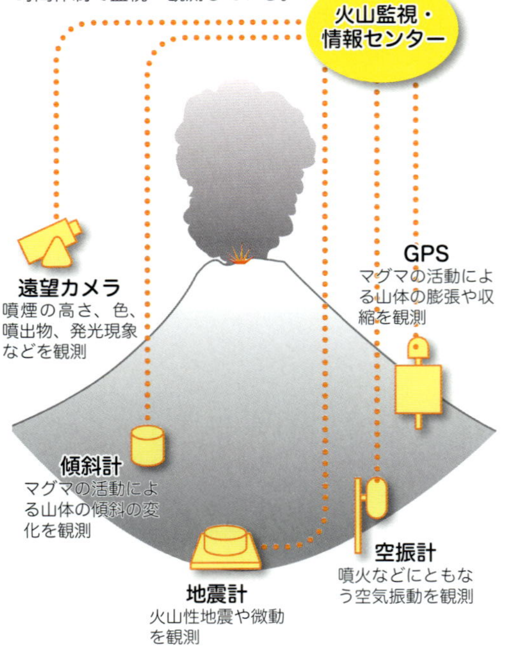

火山監視・情報センター

遠望カメラ
噴煙の高さ、色、噴出物、発光現象などを観測

GPS
マグマの活動による山体の膨張や収縮を観測

傾斜計
マグマの活動による山体の傾斜の変化を観測

地震計
火山性地震や微動を観測

空振計
噴火などにともなう空気振動を観測

■ 警戒レベルアップの桜島と箱根山

鹿児島県の錦江湾に位置する桜島は、これまでに何度も噴火を繰り返している火山です。2015 年に、島内を震源とする地震の多発や、山体膨張など噴火を示す兆候が見られたことから、噴火警戒レベルが、一時期それまでの 3 から 4 に引き上げられました。

神奈川県と静岡県またがる箱根山は、2015 年 5 月に、火口近くの大涌谷で小規模な噴火が観測されたため、それまでの噴火警戒レベル 1 から、6 月には 3 に引き上げられました（2015 年 10 月末現在、噴火警戒レベル 2）。箱根山は、12 世紀後半から 13 世紀ごろにかけて水蒸気爆発を起こして以来、大きな火山活動はありませんが、今後の動向が注目されています。

■ 噴火した御嶽山と口永良部島

2014 年 9 月に突然御嶽山で起きた水蒸気爆発は、63 人の死者・行方不明者を出す大惨事となり、噴火警戒レベルが 1 から 3 に引き上げられました。現在、火山活動の高まりを示す兆候がないため、噴火警戒レベルは 3 から 2 に引き下げられましたが（2015 年 10 月末現在）、今後も突発的に噴火が起きる可能性は、否定できません。

2015 年に噴火した鹿児島県の口永良部島は、レベル 5 になりました。大きな人的被害はなかったものの、島民全員が避難して、今なお帰島ができていません。

噴火警戒レベルも最高の 5 のままがつづいていて、引きつづき警戒が必要な火山となっています（2015 年 10 月末現在）。

■ 活発化？ 十勝岳、草津白根山、三宅島

新しく常時観測火山への追加が検討されている 3 つの火山のほかにも、火山活動が活発化し

ているとみられる火山があります。

北海道の十勝岳は、2014 年 12 月に、火山活動が高まっているとして、一時期、噴火警戒レベルが2に引き上げられました。

群馬県の草津白根山は、2011 年 3 月 11 日の東日本大震災以降、火山性地震が活発化するなど噴火が懸念されるようになり、2014 年 6 月に噴火警戒レベルが2に引き上げられました。

2000 年に大噴火を起こした東京都の三宅島は、近年山体膨張が継続していて、今後の動向に注意が必要な火山となっています。

このほか、噴火警戒レベルが低くても、突然噴火を起こす火山がないともかぎりません。御嶽山の噴火直前の噴火警戒レベルは 1 でした。身近にある活火山の動向には、日ごろから注意しておくことが必要でしょう。

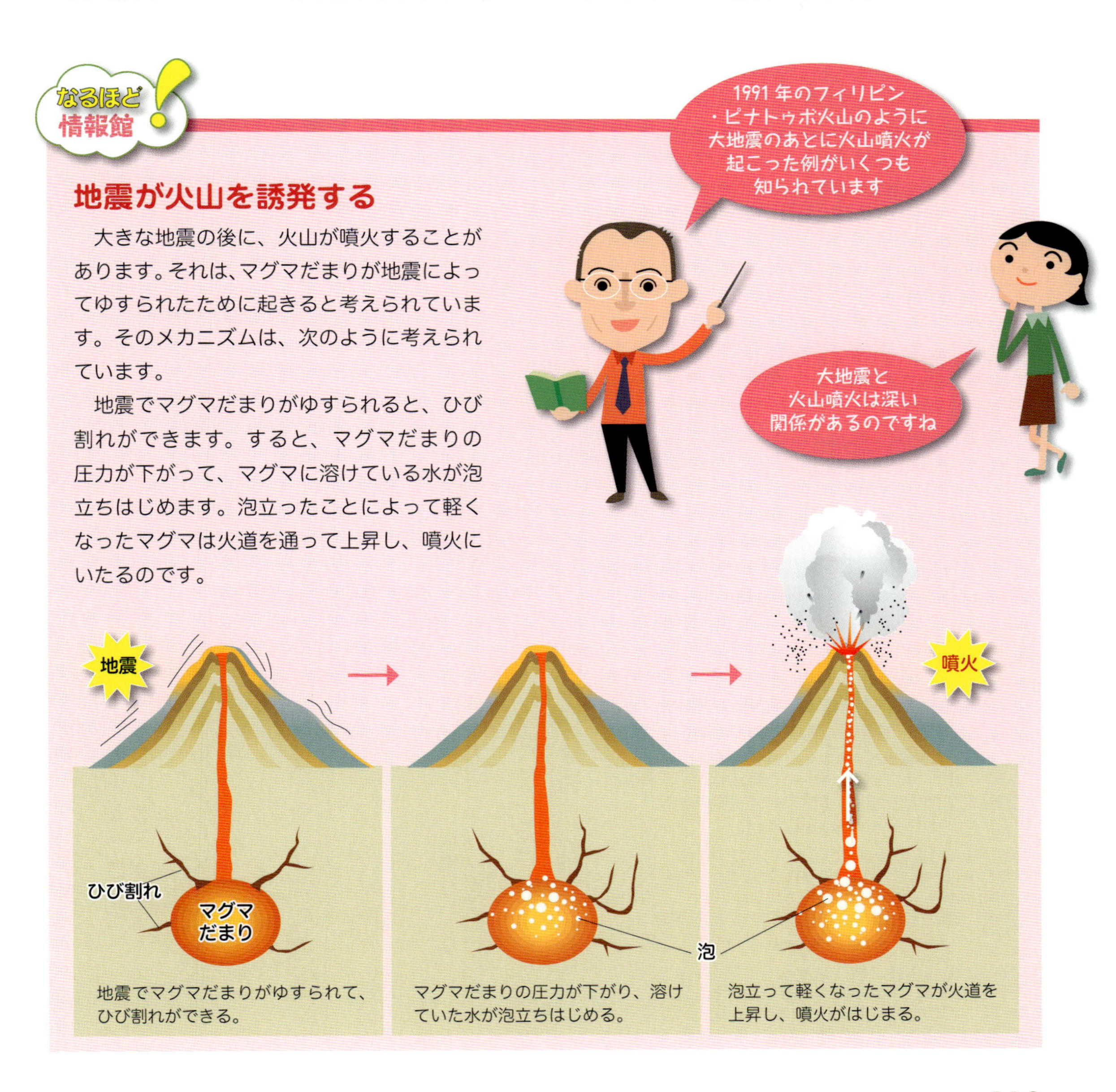
なるほど情報館
1991 年のフィリピン・ピナトゥボ火山のように大地震のあとに火山噴火が起こった例がいくつも知られています
大地震と火山噴火は深い関係があるのですね
地震
噴火
ひび割れ
マグマだまり
泡

地震が火山を誘発する

大きな地震の後に、火山が噴火することがあります。それは、マグマだまりが地震によってゆすられたために起きると考えられています。そのメカニズムは、次のように考えられています。

地震でマグマだまりがゆすられると、ひび割れができます。すると、マグマだまりの圧力が下がって、マグマに溶けている水が泡立ちはじめます。泡立ったことによって軽くなったマグマは火道を通って上昇し、噴火にいたるのです。

地震でマグマだまりがゆすられて、ひび割れができる。 → マグマだまりの圧力が下がり、溶けていた水が泡立ちはじめる。 → 泡立って軽くなったマグマが火道を上昇し、噴火がはじまる。

常時観測火山 ①

岩手山［岩手県］ 噴火警戒レベル ❶
現在、噴火の兆候は見られない。有史以降、3度の噴火が記録されている。1686年の噴火では、現在の盛岡市にまで降灰があり、泥流も発生した。

秋田焼山［秋田県］ 噴火警戒レベル ❶
現在、噴火の兆候が見られない。有史以来、ごく小規模な水蒸気噴火が何回か起きていると考えられるが、詳細は不明。最も新しいものとしては、1997年に水蒸気噴火を起こしている。

秋田駒ヶ岳［秋田県］ 噴火警戒レベル ❶
2005年ごろから女岳で地熱域の拡大が見られる。噴火の兆候は見られないが、今後の火山活動には注意が必要。有史以降、数回の噴火があった。最も新しい噴火は、1970～71年にかけての中規模なマグマ噴火。

鳥海山［秋田県・山形県］ 活火山であることに留意
現在、噴火の兆候は見られない。有史以来、何度か水蒸気噴火を起こした記録がある。1800～1804年には水蒸気噴火ののち、マグマ噴火も起こした。最も新しい噴火は、1974年の小規模な水蒸気噴火。

新潟焼山［新潟県］ 噴火警戒レベル ❶
現在、噴火の兆候は見られない。有史以降、何度も噴火を繰り返しているが、今世紀に入って噴火の記録はない。近世以降は、水蒸気噴火が多い。

焼岳［長野県・岐阜県］ 噴火警戒レベル ❶
現在、噴火の兆候は見られない。有史以降、水蒸気噴火を繰り返し、とくに1900年代は多発した。最も新しい噴火は1995年で、このときは土砂崩れを引き起こし犠牲者を出している。

乗鞍岳［長野県・岐阜県］ 活火山であることに留意
現在、噴火の兆候は見られない。最後の噴火は約2000年前で、有史以降、噴火の記録はない。

白山［石川県・岐阜県］ 噴火警戒レベル ❶
現在、噴火の兆候は見られない。1042年以降、何度か噴火が起きているが、最後に起きた1659年の噴火以降、新しい噴火は起きていない。

御嶽山（おんたけさん）［長野県・岐阜県］ 噴火警戒レベル ❷
2014年10月以降、噴火は発生していないが、規模の小さな噴火が突発的に起きる可能性は否定できない。1979年以降、何回か水蒸気噴火が起きている。2014年9月の噴火では、戦後最悪の犠牲者を出した。

樽前山（たるまえさん）［北海道］ 噴火警戒レベル ❶
現在、噴火の兆候は見られないが、山頂溶岩ドーム周辺で1999年以降高温の状態が続いていて、突発的な火山ガス等の噴出に注意が必要。江戸時代に何度か中～大規模なマグマ噴火を起こしている。明治以降もひんぱんに水蒸気噴火を繰り返しているが、今世紀に入ってから噴火の記録はない。

倶多楽（くったら）［北海道］ 噴火警戒レベル ❶
現在、噴火の兆候は見られない。最も新しい噴火は200年前と考えられるが、記録に残る火山活動はない。

有珠山（うすざん）［北海道］ 噴火警戒レベル ❶
現在、噴火の兆候は見られない。長い休止期間を経て、1663年に大噴火を起こして以降活動を再開した。2000年まで頻繁にマグマ噴火を起こしているが、2001年以降噴火の兆候は見られない。

北海道駒ヶ岳［北海道］ 噴火警戒レベル ❶
現在、噴火の兆候は見られない。長い休止期間を経て、江戸時代に火山活動を再開した。1640年には、山体崩壊を起こした後、大規模なマグマ噴火を起こしている。その後も頻繁に水蒸気噴火を繰り返している。

恵山（えさん）［北海道］ 活火山であることに留意
現在、噴火の兆候は見られない。最近の噴火は、1846年と1874年の水蒸気噴火。1846年の噴火では、発生した泥流によって多数の死者が出た。

岩木山［青森県］ 活火山であることに留意
現在、噴火の兆候は見られない。1600年以前の噴火はよくわかっていないが、1600年以降は、時折水蒸気噴火を起こしている。

新たに
八甲田、十和田、弥陀ヶ原
の追加指定が
検討されています

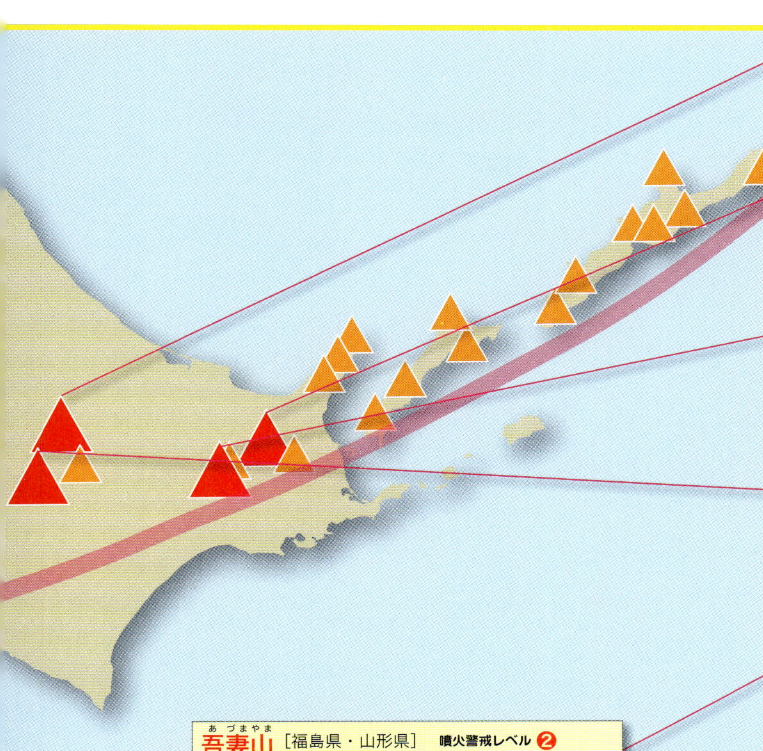

大雪山 [北海道] 活火山であることに留意
現在、噴火の兆候は見られない。記録に残る火山活動はなく、最新の水蒸気噴火は250年以上前。この3000年間に、顕著なマグマ噴火はないとされる。

アトサヌプリ [北海道] 活火山であることに留意
現在、噴気はつづいているが、噴火の兆候は見られない。数百年前に「熊落とし」の爆裂火口を形成する水蒸気爆発が起きている。

雌阿寒岳(めあかんだけ) [北海道] 噴火警戒レベル2
近年、微小な火山性地震が増加し、ポンマチネシリ火口の噴煙の勢いも増加。火山活動が活発になっている。1955年以降、小規模な水蒸気爆発を何度か繰り返している。

十勝岳 [北海道] 噴火警戒レベル1
2014年7月頃、山体浅部の膨張によるとみられる地殻変動があったため、一時噴火警戒レベルが2に引き上げられた。長期的に見ると火山活動が高まる傾向にある。1926年の噴火では、大規模な火山泥流が発生している。

栗駒山 [岩手県・秋田県・宮城県] 活火山であることに留意
現在、噴火の兆候は見られない。915年以降、少なくとも2回の水蒸気噴火があった。最も新しい噴火は1944年の小規模なもの。この噴火でできた窪地に水がたまり、昭和湖となった。

蔵王山 [宮城県・山形県] 活火山であることに留意
2013年以降、火山性地震や火山性微動などが増加し、長期的にみると火山活動はやや高まった状態にある。有史以降、小規模な噴火が頻繁に起きている。最も新しい噴火は1940年の水蒸気噴火。新噴気孔が生成された。

吾妻山(あづまやま) [福島県・山形県] 噴火警戒レベル2
大穴火口の噴気活動がやや活発な状態が続く。有史以降、何回かの水蒸気噴火が起きている。最も新しい噴火は、1977年。酸性の泥水が噴出して、塩川や養魚場の魚に被害が出た。

磐梯山(ばんだいさん) [福島県] 噴火警戒レベル1
現在、噴火の兆候は見られない。有史以降、確実に記録が残っているのは、806年と1888年の水蒸気噴火。1888年の噴火では、多くの犠牲者が出ていて、山体崩壊も起きている。

安達太良山(あだたらやま) [福島県] 噴火警戒レベル1
現在、噴火の兆候は見られない。最後にマグマ噴火があったのは、約2400年前。その後、1899年と1900年に水蒸気噴火の記録がある。1998〜2003年にかけて、地熱活動が活発化していた。

那須岳 [福島県・栃木県] 噴火警戒レベル1
現在、噴火の兆候は見られない。1408〜1410年の活動で、茶臼岳溶岩ドームが形成された。この後、小規模な水蒸気噴火が繰り返し続いている。最も新しい噴火は、1963年。

日光白根山 [群馬県・栃木県] 活火山であることに留意
現在、噴火の兆候は見られない。1649年以降、水蒸気噴火が何回か起きている。

草津白根山 [群馬県] 噴火警戒レベル2
2014年3月から火山性地震が増加。1805年以降、頻繁に水蒸気噴火が起きている。最も新しい噴火は、1983年。この時は、人の頭ほどもある噴石を、600〜700mの範囲に噴出した。

浅間山 [群馬県・長野県] 噴火警戒レベル2
2015年6月19日に噴火。現在も火山活動はやや高まった状態で推移している。山頂火口はいつも噴煙を上げている。有史以降、最近まで何度も噴火を繰り返してきた。1920〜1922年の噴火では、東京まで爆発音が聞こえたという記録も。

[凡例] (2015年10月末現在)

活火山(110火山)
- ▲ 火山活動を24時間体制で監視している常時観測火山(47火山)
- ▲

火山名 / 所在都道府県 / 噴火警戒レベル* 詳しくは130ページ参照

草津白根山 [群馬県] 噴火警戒レベル2
2014年3月から火山性地震が増加。1805年以降、頻繁に水蒸気噴火が起きている。最も新しい噴火は、1983年。この時は、人の頭ほどもある噴石を、600〜700mの範囲に噴出した。

火山の現況と過去の活動 / 枠内が黄色の火山は、噴火警戒レベルが提供されている火山

常時観測火山 ②

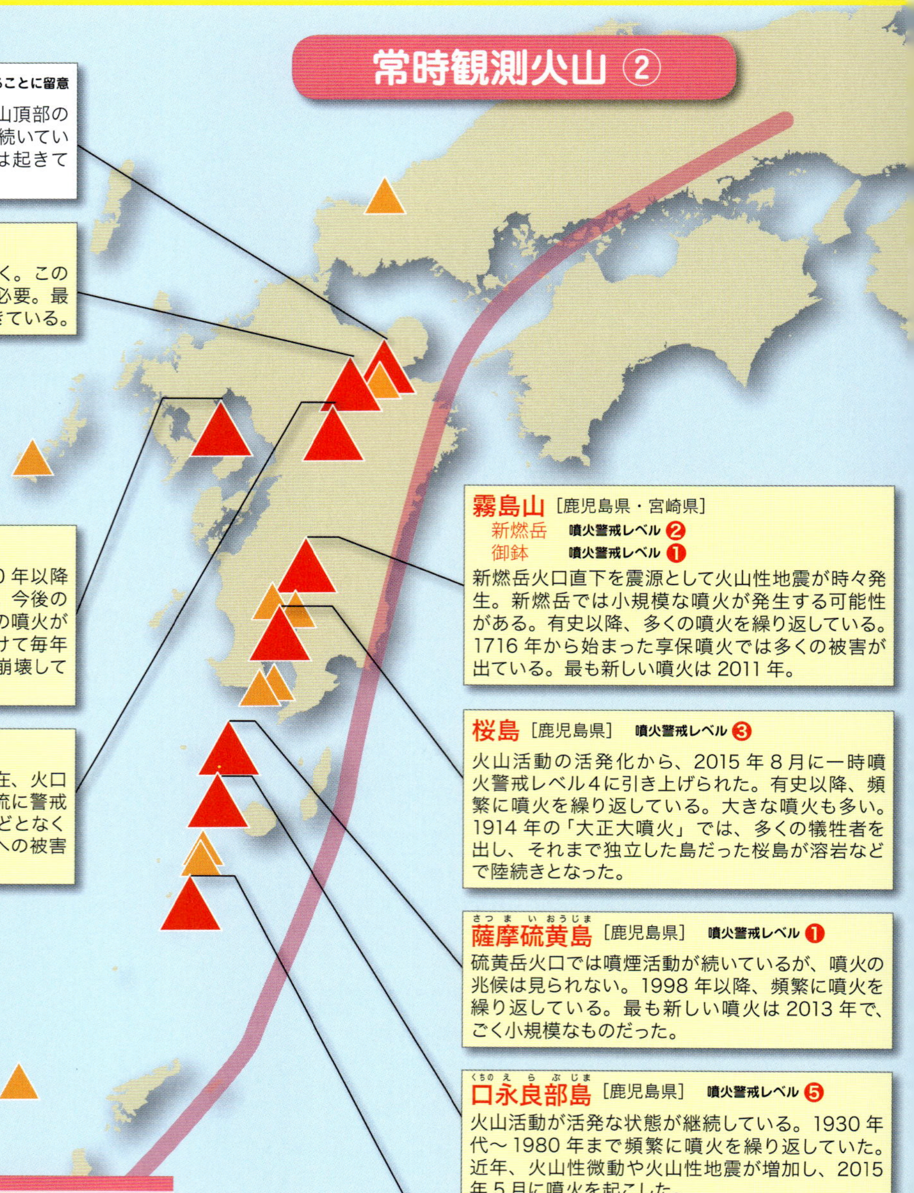

鶴見岳・伽藍岳 ［大分県］ 活火山であることに留意
現在、噴火の兆候は見られない。伽藍岳山頂部の火口地形の内側では、活発な噴気活動が続いているが、867年の水蒸気噴火以降、噴火は起きていない。

九重山 ［大分県］ 噴火警戒レベル ❶
火口付近で噴気、火山ガスの噴出がつづく。この範囲への立ち入りは大変危険で、警戒が必要。最近では、1995年と1996年に噴火が起きている。

雲仙岳 ［長崎県］ 噴火警戒レベル ❶
現在、噴火の兆候は見られないが、2010年以降火山性地震の活動が活発化しているため、今後の火山活動の推移に注意。江戸時代に2度の噴火があった。その後、1990〜1996年にかけて毎年噴火。1991年の噴火では溶岩ドームが崩壊して火砕流が発生し、多くの犠牲が出た。

阿蘇山 ［熊本県］ 噴火警戒レベル ❸
2015年9月、中岳第一火口で噴火。現在、火口周辺には入山規制がしかれ、噴石や火砕流に警戒が必要。降灰にも注意。有史以降、いくどとなく噴火を繰り返し、時折、犠牲者や農作物への被害が出る。

霧島山 ［鹿児島県・宮崎県］
新燃岳 噴火警戒レベル ❷
御鉢 噴火警戒レベル ❶
新燃岳火口直下を震源として火山性地震が時々発生。新燃岳では小規模な噴火が発生する可能性がある。有史以降、多くの噴火を繰り返している。1716年から始まった享保噴火では多くの被害が出ている。最も新しい噴火は2011年。

桜島 ［鹿児島県］ 噴火警戒レベル ❸
火山活動の活発化から、2015年8月に一時噴火警戒レベル4に引き上げられた。有史以降、頻繁に噴火を繰り返している。大きな噴火も多い。1914年の「大正大噴火」では、多くの犠牲者を出し、それまで独立した島だった桜島が溶岩などで陸続きとなった。

薩摩硫黄島（さつまいおうじま） ［鹿児島県］ 噴火警戒レベル ❶
硫黄岳火口では噴煙活動が続いているが、噴火の兆候は見られない。1998年以降、頻繁に噴火を繰り返している。最も新しい噴火は2013年で、ごく小規模なものだった。

口永良部島（くちのえらぶじま） ［鹿児島県］ 噴火警戒レベル ❺
火山活動が活発な状態が継続している。1930年代〜1980年まで頻繁に噴火を繰り返していた。近年、火山性微動や火山性地震が増加し、2015年5月に噴火を起こした。

諏訪之瀬島（すわのせじま） ［鹿児島県］ 噴火警戒レベル ❷
2015年7月に噴火し、今後も噴火の可能性がある。江戸時代以降、頻繁に噴火を繰り返している。1813年の噴火では火砕流や山体崩壊などが起きて、全島避難となった。近年も、毎年のように噴火が起きている。

なるほど情報館！

日ごろの防災意識の高さで無事避難

2015年5月29日。鹿児島県の口永良部島が噴火しました。噴火の予兆もない、比較的大きな噴火でしたが、島民137人は1人が軽い火傷を負った程度で、無事に避難することができました。

昭和以降、何度も噴火を経験している口永良部島では、日ごろから防災意識が高く、詳細な避難ルートの作成など、避難のための対策ができていました。今回の噴火では、この防災意識の高さが生かされました。

富士山［静岡県・山梨県］ 噴火警戒レベル❶

2011年3月15日の地震以降、地震活動が活発化していたが、徐々に低下している。現在、噴火の兆候は見られない。有史以降、何度も噴火を繰り返してきた。800～802年の「延暦噴火」、864～866年の「貞観噴火」、1707年の「宝永噴火」は、富士山三大噴火といわれる。

箱根山［神奈川県・静岡県］ 噴火警戒レベル❷

火山活動は活発な状況。有史以降の噴火としては、12～13世紀ごろに3回の水蒸気噴火があったとされる。

伊豆東部火山群［静岡県］ 噴火警戒レベル❶

現在、噴火の兆候は見られない。約2700年前に岩ノ山～伊雄山火山列で割れ目噴火が起きて以降、1989年にこの地域の海底噴火が起こるまで、噴火の記録はない。

伊豆大島［東京都］ 噴火警戒レベル❶

現在、噴火の兆候は見られないが、山体の膨張が継続して続いている。有史以降、何度も噴火を繰り返してきた。1986年の噴火では、全島民約1万人が一時島外に避難をした。

新島［東京都］ 活火山であることに留意

現在、噴火の兆候は見られない。9世紀にあった3回の噴火以来、噴火は起きていない。

神津島（こうづしま）［東京都］ 活火山であることに留意

現在、噴火の兆候は見られない。記録としては、838年の大噴火以降、噴火は起きていない。

三宅島［東京都］ 噴火警戒レベル❶

火山ガスの噴出は減少傾向。火口内では噴出現象が突発的に発生する可能性がある。有史以降、何度も噴火を繰り返してきた。2000～2002年の噴火では、山麓まで噴石が降り、火砕流が海に達し、泥流が発生。全島避難が行われた。

八丈島［東京都］ 活火山であることに留意

現在、噴火の兆候は見られない。有史以降、東山での噴火の記録はなく、西山の活動が中心となっている。最も新しい噴火は1606年の海底噴火で、このとき火山島が形成されたという記録が残っている。

青ヶ島［東京都］ 活火山であることに留意

現在、噴火の兆候は見られない。江戸時代に何度か噴火が起きている。最も新しい噴火は1785年に起きていて、島民に多くの犠牲を出している。

硫黄島（いおうとう）［東京都］ 火口周辺危険

各所で小規模な噴火が発生している。有史以降の記録は明治時代からのもので、頻繁に水蒸気噴火を起こしている。最も新しい噴火は2013年。

噴火警戒レベルは、
❶…活火山であることに留意
❷…火口周辺規制
❸…入山規制
❹…避難準備
❺…避難
となっています

富士山が噴火したら

■ 富士山はこうしてできた

富士山は日本最大の活火山です。これまでに何度も噴火を繰り返し、大きな自然災害を引き起こしています。今、この富士山が噴火したらどんなことが起きるでしょうか。まずは、富士山がどのような噴火を起こすのかを理解するために、そのなりたちを紹介しましょう。

富士山は、下の図のように、4つの火山が重なってできています。最初にあったのは、数十万年前に活動をはじめた「先小御岳火山（せんこみたけかざん）」です。その上に、「小御岳火山（こみたけかざん）」が形成されました。この2つの火山が富士山の基盤となりました。

10万年ほど前、小御岳火山の南斜面で起きた大規模な噴火によって、「古富士火山」ができました。そして、1万1000年ほど前からはじまった火山活動で生まれた「新富士火山」が、現在私たちが目にしている富士山なのです。

■ 噴火のデパート

新富士火山の火山活動は、「噴火のデパート」といわれるほどさまざまな噴火を起こしました。また、マグマを噴出した場所も一定ではありませんでした。山頂の火口だけでなく、山麓にある側火山とよばれる火口からも、頻繁に噴火しました。2200年前以降は、すべての噴火が中腹にある側火口で起きています。

■ 歴史に記録された大噴火

歴史に記録されている富士山の大噴火として、「富士山三大噴火」とよばれるのが、平安時代の「延暦（えんりゃく）噴火」と「貞観（じょうがん）噴火」、江戸時代の

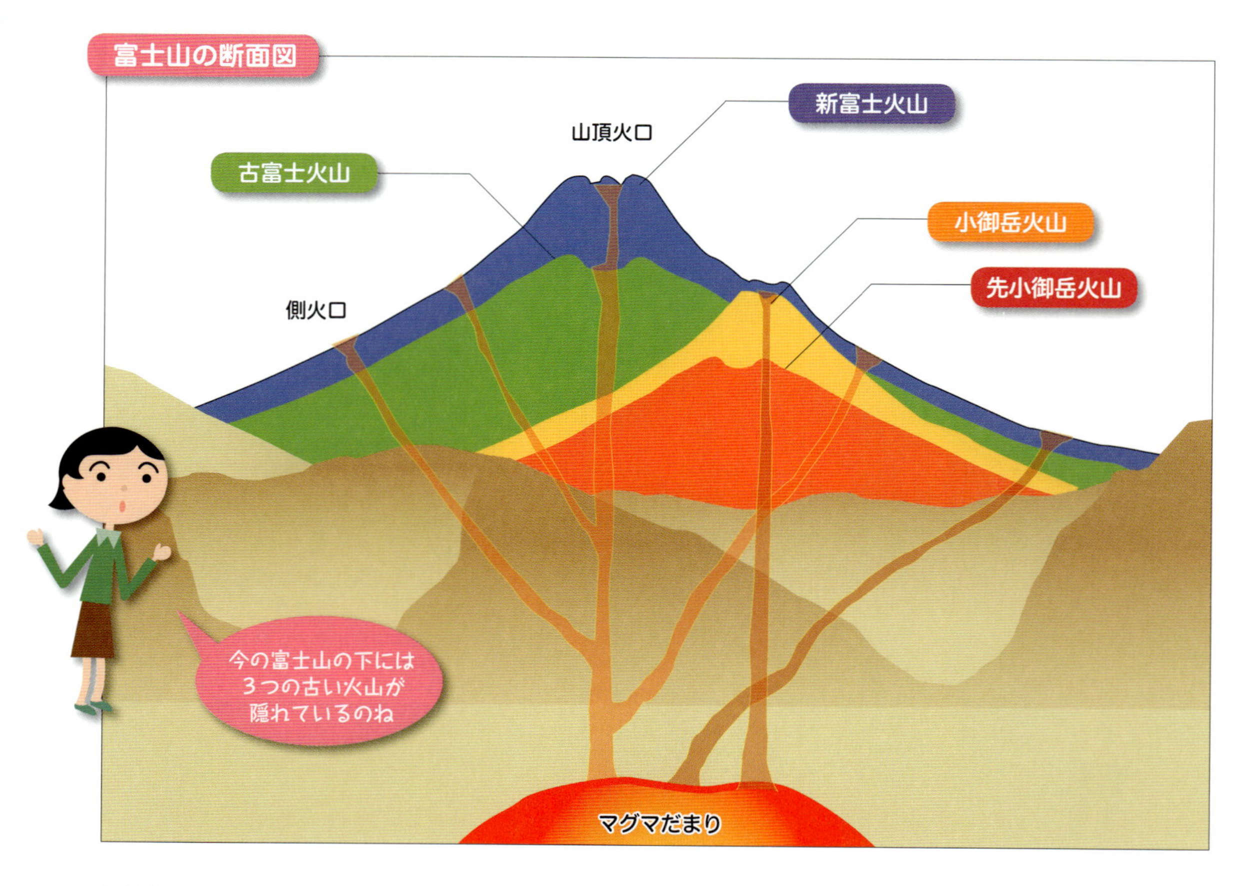

「宝永噴火」の３つです。とくに、貞観噴火と宝永噴火は記録がたくさん残されています。

貞観噴火は864年に起きました。富士山の北西の山麓に６kmにわたって裂け目ができ、そこに火口がたくさんできて、大量の溶岩が流れ出しました。このとき、富士山のふもとにあった４つの湖の１つに溶岩が流れ込んで２つに分かれたことで、富士山のふもとの湖は５つ（富士五湖）になりました。

宝永噴火は1707年に起きました。富士山の東南側にある大きなへこみは、この時の火口で、「宝永火口」とよばれています。この時噴出した火山灰は関東地方の広範囲に降り積もりました。記録によれば、横浜で10cm、江戸で５cmの厚さになったといわれ、降り積もった火山灰は、農作物に大きな被害を与えました。

富士山の主な側火山

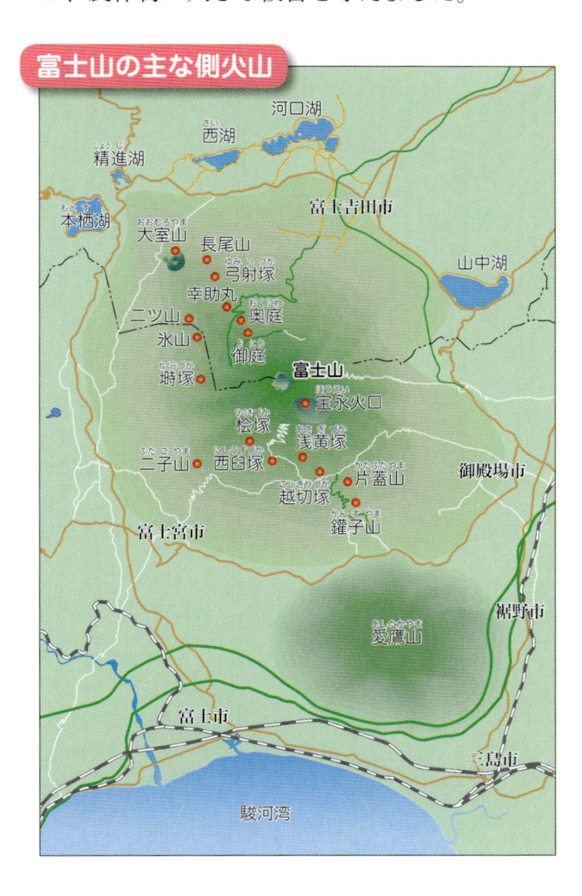

富士山噴火年表

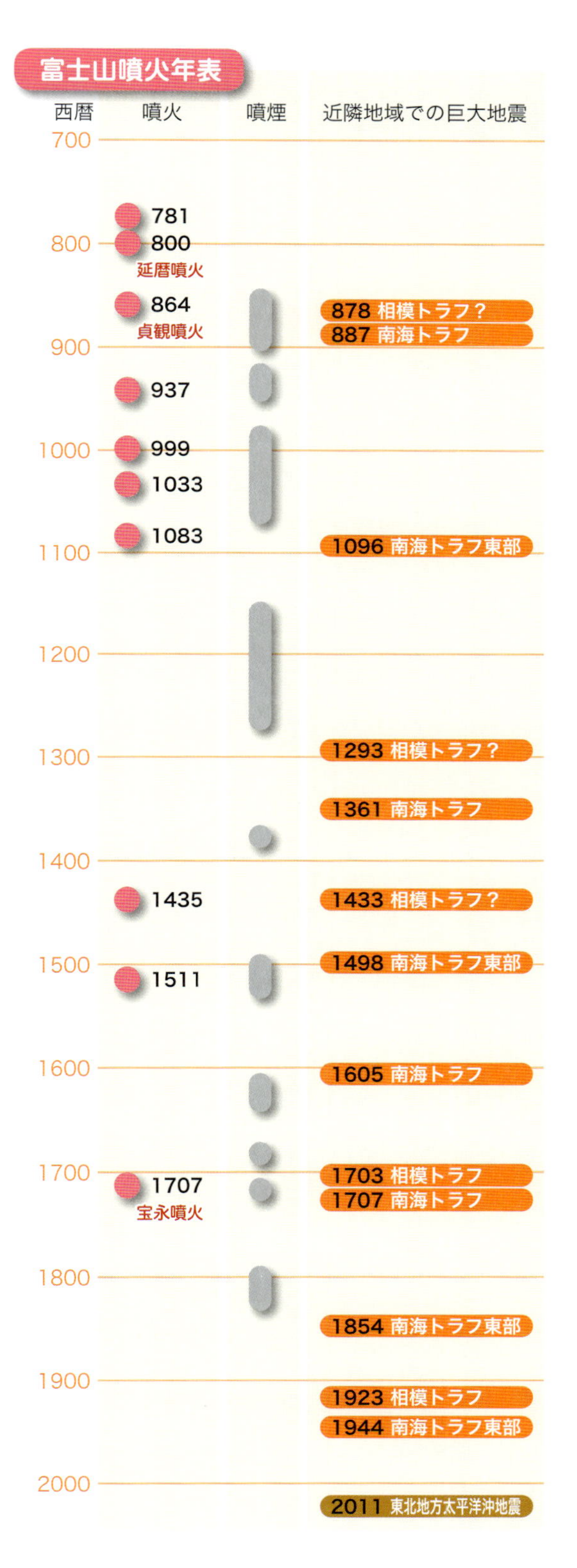

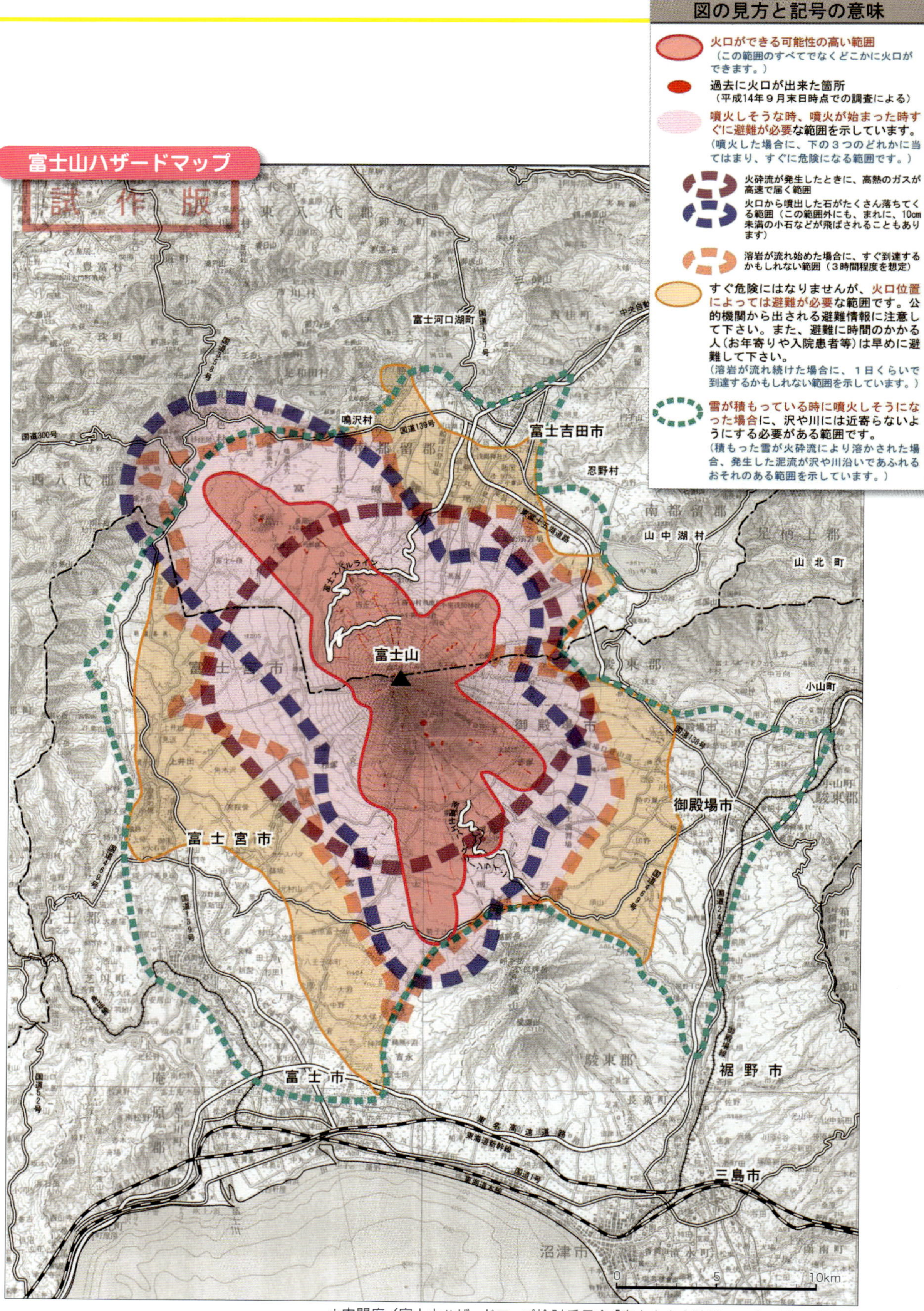

＊内閣府／富士山ハザードマップ検討委員会「富士山火山防災マップ」より一部改変

300年噴火していない富士山

宝永噴火を最後に、富士山は300年以上噴火をせずに、沈黙を保っています。記録によれば富士山は過去3200年間に100回、つまり約30年に1回の割合で噴火をしています。それからみると、300年の沈黙は異常といえるかもしれません。つまり、300年の間、せっせとマグマだまりにマグマをため込んでいると考えると、不気味な存在といえます。

今のところ、富士山が噴火するという予兆は観測されていません。しかし、富士山は活火山ですから、いずれ噴火することはまちがいありません。噴火に備えた対策は着々とおこなわれています。そのひとつが、左のページにあるハザードマップ（火山災害予測図）です。ハザードマップとは、溶岩流や火山灰などの噴火災害から身を守るために、どこが危険なのかを示した地図のことです。

ふもとの町を襲う噴石

それでは、富士山が噴火したらどうなるかをハザードマップ（火山災害予測図）に書かれている内容などをもとに、シミュレーションしてみましょう。

富士山の噴火は、東海地方だけでなく首都圏にも大きな影響が出る可能性があります。しかし、噴火直後に被害が出るのは、噴石や火砕流、溶岩流などが襲う富士山の周辺の町です。

もっとも、噴火の規模や火口の位置、当日の気候などによって変わるので、周辺の町全部に被害が起きるわけではありません。また、噴石や火砕流、溶岩流すべてが同時に起きるということでもありません。ハザードマップには、可能性が高い範囲が重ねて描かれているのです。

さて、周辺の町に最初に襲ってくるのは、噴石や火砕流です。これらは最大で数km先まで

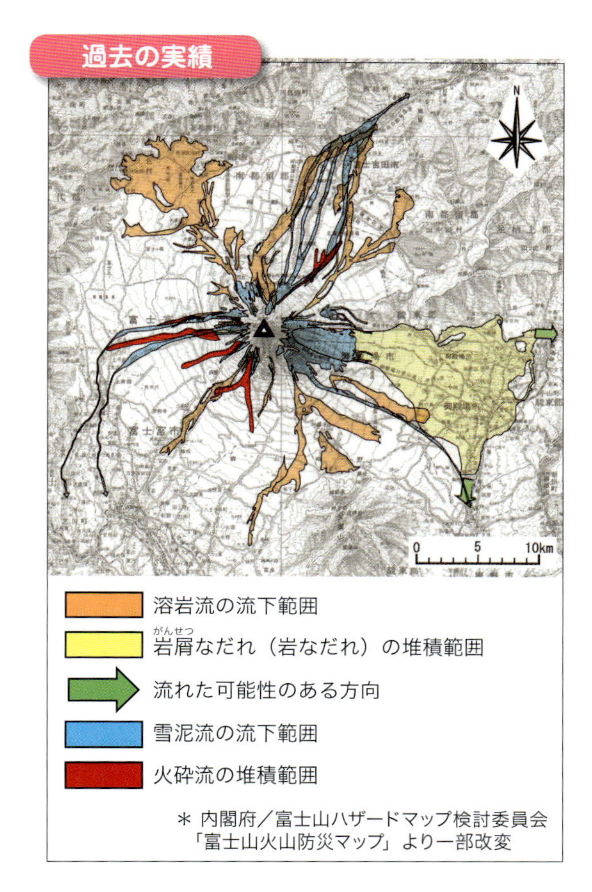

＊ 内閣府／富士山ハザードマップ検討委員会「富士山火山防災マップ」より一部改変

とどきます。噴石は、建物の屋根や壁を貫き、その熱によって火災を引き起こします。また、猛烈な勢いで下ってくる火砕流は、通過する家々を飲み込み、焼きつくしてしまうでしょう。

広範囲に流れる溶岩流

溶岩流はさらに広がって被害を出します。富士山の溶岩は比較的粘りけが弱いので、サラサラとかなり遠くまで流れていきます。

山頂火口の北側（山梨県側）にある側火山で噴火があった場合、24時間以内に富士吉田市あるいは河口湖町の市街地に、山頂火口の西側（静岡県側）の側火山で噴火があった場合には、24時間以内に富士宮市の市街地に到達することが予想されています。

また、山頂火口の南側（静岡県側）の側火山

で噴火があった場合には、最終的には駿河湾に到達する可能性もあります。

長期にわたって被害を出す泥流

噴火が収まった後に恐ろしいのは泥流です。1707年の宝永噴火の時は、噴火直後から長期にわたって泥流による洪水被害がありました。駿河湾に面する小田原藩の領地では、50年以上も被害が断続的に発生しました。その被害に悩まされた小田原藩は、領地の一部を一時期放棄してしまうほどでした。

もし、富士山の東側に大量の火山灰が降り積もると、横浜市や藤沢市といった離れた場所でも泥流が発生すると予想されています。

火山灰は首都圏の大部分に

噴火によって上空に吹き上がる火山灰はやっかいな存在です。噴火直後だけでなく、後々まで大きな影響を及ぼすからです。

富士山の噴火による火山灰は、上空の風にのって遠くに運ばれていきます。冬に噴火が起きた場合、上空を強い西風が流れているために、火山灰は東のほうに集中的に流れていきます。一方、夏に噴火が起きた場合は、上空の風向きは変化しやすいので、火山灰は全方向に散る可能性があります。

火山灰は軽くて空中に舞い上がるとなかなか落ちてきません。そのため、噴火が終わった後も、かなり長い間舞い上がり続けます。1707年の宝永噴火のときには10日以上も降り続き、その間は昼間もうす暗くなったといいます。

下の図は、火山灰が降る可能性のある地域を

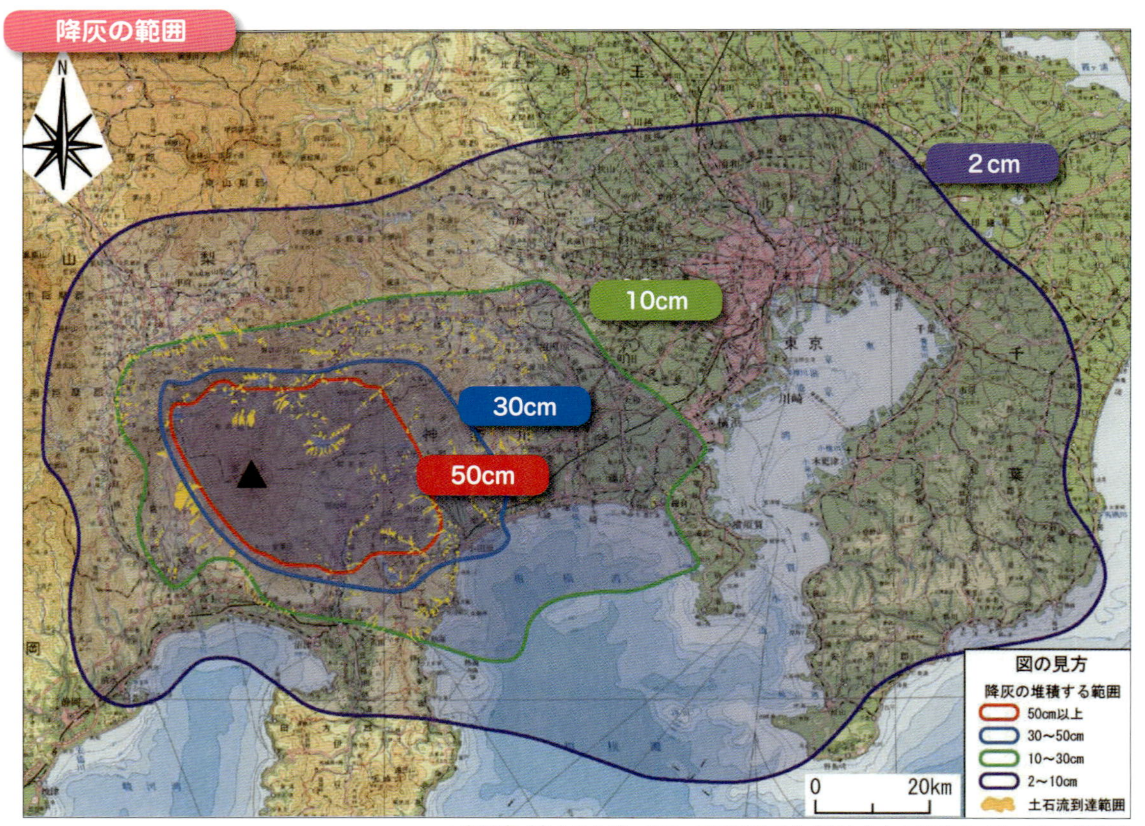

＊内閣府／富士山ハザードマップ検討委員会「富士山火山防災マップ」より一部改変

示したものです。首都圏の大部分に、2cm以上の降灰の可能性があることがわかります。

■ 人体への影響

111ページで説明したように、火山灰の正体は、細かいガラスのかけらです。吸い込むと器官や肺を傷つけて、さまざまな病気を引き起こします。宝永噴火の時は、噴火の後、せきに悩まされる人が多く出たという記録が残っています。また、目に入れば角膜の表面を傷つけてしまいます。降灰がある間は、外出をひかえたり、マスクなどで防護したりする必要があります。

■ 社会生活や経済活動に影響も

交通機関への影響も甚大です。ほんのわずかの降灰でも、ジェット機のエンジントラブルなどの危険があるために、飛行機の運航はできなくなります。また、レールに積もった火山灰で車輪がすべる危険があるので、鉄道も運行を見合わせるでしょう。視界がよくないために自動車の運転もひかえる必要が出てきます。このため首都圏の交通はマヒし、陸の孤島となってしまうでしょう。

また、細かい粒子の火山灰は電気系統の機器に入り込んで、通信機器やライフラインのコンピューターに影響を及ぼす可能性があります。このほか、下の表にあるように、停電や水道の供給停止が起こったり、農作物の収穫ができなくなったりするかもしれません。

このように、富士山から降ってくる火山灰は、首都圏の社会生活ばかりでなく、経済活動にも大きな影響を及ぼす可能性があります。首都直下地震とともに、首都圏が対応をせまられている重大な災害のひとつなのです。

降灰量と影響

名称	表現例			影響と取るべき行動		その他の影響
	厚さ（キーワード）	イメージ		人	道路	
		路面	視界			
多量	1mm 以上（外出を控える）	完全に覆われる	視界不良となる	**外出を控える** 慢性の喘息（ぜんそく）や慢性閉塞性肺疾患（肺気腫など）が悪化し、健康な人でも目・鼻・のど・呼吸器などの異常を訴える人が出はじめる。	**運転を控える** 降ってくる火山灰や積もった火山灰を巻き上げて視界不良となり、通行規制や速度制限等の影響が生じる。	碍子（がいし）への火山灰付着による停電発生や上水道の水質低下および給水停止のおそれがある。
やや多量	0.1～1mm 未満（注意）	白線が見えにくい	明らかに降っている	**マスク等で防護** 喘息患者や呼吸器疾患をもつ人は症状悪化のおそれがある。	**徐行運転する** 短時間で強く降る場合は視界不良のおそれがある。道路の白線が見えなくなるおそれがある（およそ0.1～0.2mmで鹿児島市は除灰作業を開始）。	イネなどの農作物が収穫できなくなったり、鉄道のポイント故障等により運転見合わせのおそれがある。
少量	0.1mm 未満	うっすら積もる	降っているのがようやくわかる	**窓を閉める** 火山灰が衣服や身体に付着する。目に入ったときは痛みをともなう。	**フロントガラスの除灰** 火山灰がフロントガラスなどに付着し、視界不良の原因となるおそれがある。	航空機の運航不可。

＊気象庁資料による

火山噴火にそなえる

■ 噴火警戒レベル

ここまでは、火山が噴火するしくみや、噴火した場合にどのような災害が起きるのかを中心に説明してきました。ふだん穏やかで美しい姿をみせる火山も、ひとたび噴火を起こせば、大災害を引き起こすことがあります。ここからは、火山災害に対して、私たちがどのように対処すべきかについて説明します。

47 の常時観測火山（2015 年 10 月末現在）のうち、32 の火山について、火山活動の状況の指標として気象庁から発表されているのが「噴火警戒レベル」です。警戒が必要な範囲と、防災機関や周辺住民がとるべき対応を、５段階に区分して発表しています。（→ p.120）

最高レベルの「噴火警戒レベル５」の火山は、すでに重大な被害を及ぼす噴火が発生しているか、そのような噴火が切迫しているものです。

■ 御嶽山の教訓

2014 年９月に水蒸気噴火を起こした御嶽山（おんたけさん）は、当時「噴火警戒レベル１」で、予期せぬ突然の噴火といえるものでした。

実は御嶽山では１か月ほど前から小さな火山性地震が続いていたものの、そのほかの火山噴火の兆候はなく、地震も噴火直前には減ってき

噴火警戒レベル

種別	名称	対象範囲	レベルとキーワード
特別警報	噴火警報（居住地域）または噴火警報	居住地域およびそれより火口側	レベル5 避難
			レベル4 避難準備
警報	噴火警報（火口周辺）または火口周辺警報	火口から居住地域近くまで	レベル3 入山規制
		火口周辺	レベル2 火口周辺規制
予報	噴火予報	火口内など	レベル1 活火山であることに留意

ていたため、ほとんど無警戒だったのです。

火山噴火の予測は、むずかしいものがあります。噴火の兆候とされる現象がみられるからといって、必ず噴火するわけではなく、逆に、噴火の兆候がなくても噴火することがあります。

御嶽山の噴火までは、噴火警戒レベル１のキーワードは「平常」でしたが、この言葉は安全であるとの誤解を招くことから、「活火山であることに留意」に改められました。

火山災害から身を守るためには、火山に関する最新の情報を知るとともに、日本列島に110ある活火山はどれも噴火する可能性があるということを、十分認識しておくことが大切です。

なるほど情報館

噴火速報

2015年8月から新たに「噴火速報」が導入されました。47の常時観測火山で噴火が起きた場合に、登山者や周辺住民にすみやかに発表し、命を守るための行動がとれるようにするものです。速報は、気象庁のホームページや、テレビ、ラジオ、携帯端末などで知ることができます。

○○山で、平成27年○月○日△時△分ごろ、
噴火が発生しました。

	説明		
	火山活動の状況	住民等の行動	登山者・入山者への対応
	居住地域に重大な被害を及ぼす噴火が発生、あるいは切迫している状態にある。	危険な居住地域からの避難等が必要（状況に応じて対象地域や方法等を判断）。	
	居住地域に重大な被害を及ぼす噴火が発生すると予想される（可能性が高まってきている）。	警戒が必要な居住地域での避難の準備、災害時要援護者の避難等が必要（状況に応じて対象地域を判断）。	
	居住地域の近くまで重大な影響を及ぼす（この範囲に入った場合には生命に危険が及ぶ）噴火が発生、あるいは発生すると予想される。	通常の生活（今後の火山活動の推移に注意。入山規制）。状況に応じて災害時要援護者の避難準備等。	登山禁止・入山規制等、危険な地域への立入規制等（状況に応じて規制範囲を判断）。
	火口周辺に影響を及ぼす（この範囲に入った場合には生命に危険が及ぶ）噴火が発生、あるいは発生すると予想される。	通常の生活。	火口周辺への立入規制等（状況に応じて火口周辺の規制範囲を判断）。
	火山活動は静穏。火山活動の状態によって、火口内で火山灰の噴出等が見られる（この範囲に入った場合には生命に危険が及ぶ）。		とくになし（状況に応じて火口内への立入規制等）。

＊気象庁資料による

降灰にそなえる

■ 降灰予報

火山噴火にともなって降ってくる火山灰は、量によっては、私たちの日常生活や経済活動にも支障を及ぼすやっかいな存在です。

気象庁では、日本にある110の活火山に対して、2008年から降灰予報を発表していましたが、降灰の量に関する情報がなく、使いにくいものでした。そこで気象庁は、2015年3月に新しい降灰予報をスタートさせました。この新しい予報では、どこに、どのくらい量の降灰があるのかといった、詳細な情報が伝えられることになりました。

降灰予報には、「定時」「速報」「詳細」の三段階の予報があります。

噴火していなくても、噴火を仮定して降灰の範囲などを定期的に発表しているのが「定時」の降灰予報です。噴火警戒レベルが上がるなど、火山活動が高まって、噴火の可能性が高くなった火山に対して発表されるものです。

それに対して、「速報」と「詳細」は、噴火した火山に対して発表されます。「速報」では、風に流される小さな噴石が降る範囲の1時間以内の予報が、噴火5～10分後に発表されます。そして、噴火20～30分後に、精度の高い6時間先までの「詳細」な予報が発表されます。

気象庁が発表する降灰予報

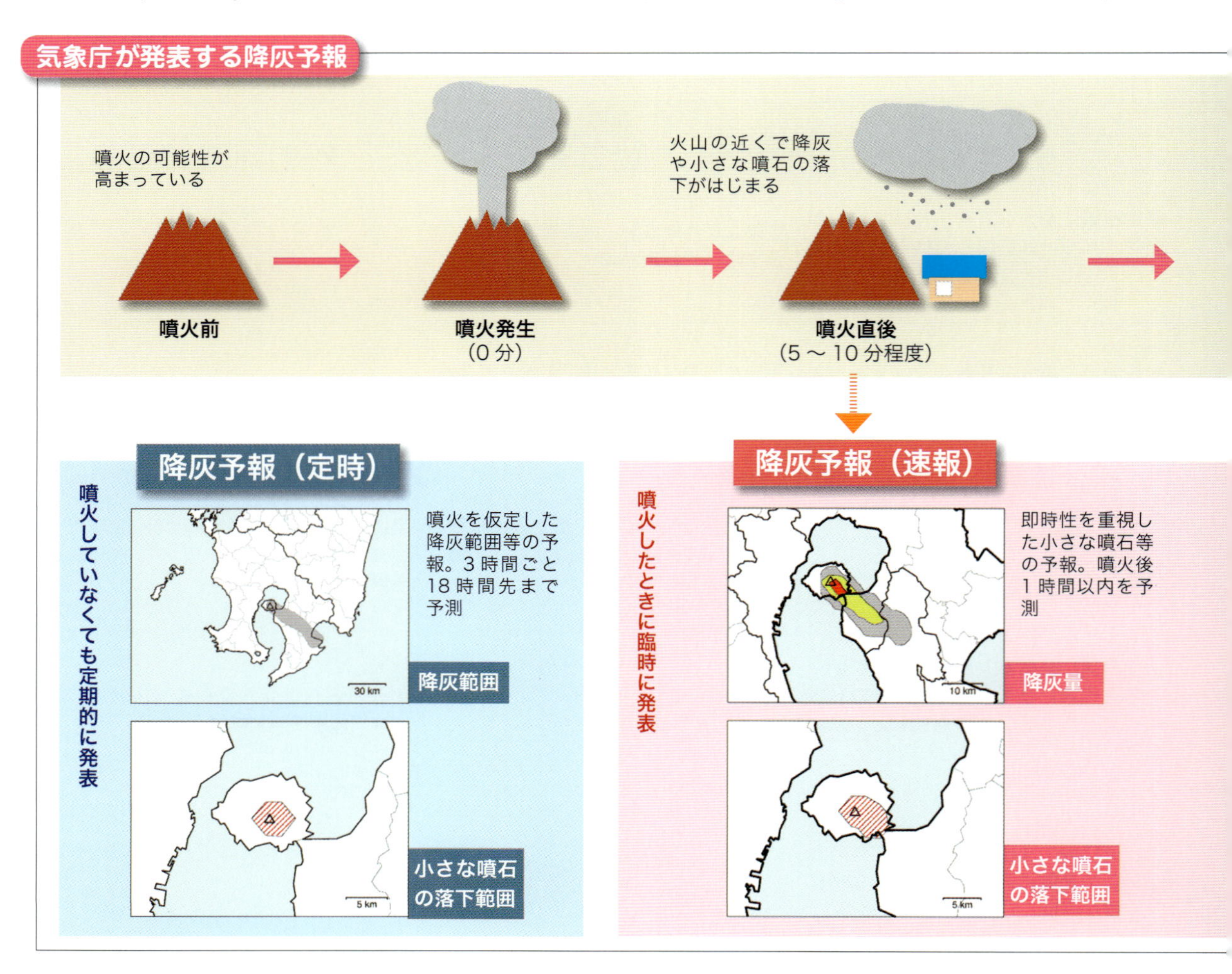

■ 降灰にそなえる

火山灰は噴火が収まっても長い間降り続くことがあります。場合によっては、数日間以上自宅から出られなくなることも考えられます。さらに、停電や飲み水の供給が途絶えたり、交通がマヒしたりする可能性もあります。（→p.129）

大量の降灰が予想されている地域に住む人は、呼吸器や目を火山灰から保護するための防塵マスクや防塵メガネのほか、最低3日分の水と食料、懐中電灯などの防災道具を用意しましょう。

食料や防災道具については、地震用の常備品（→p.92）のほかに、精密機器を包んで保護するためのラップや、ベランダや庭などに積もった火山灰を掃除するためのほうきやシャベルも用意するとよいでしょう。

また、銀行やキャッシュディスペンサーが降灰のため使えなくなる場合を考え、多少の現金も用意しておきましょう。

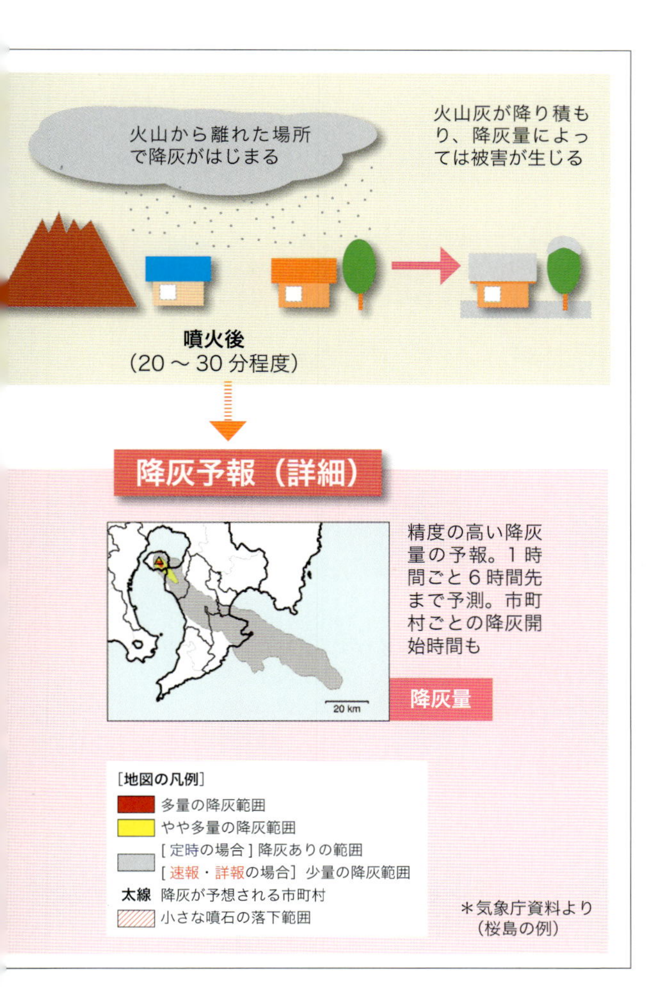

桜島と火山灰

鹿児島県の桜島は、多い時で1年に1000回以上の噴火があります。そのため、火山灰の降灰も日常的です。鹿児島県民にとって、火山灰は生活と切っても切れないものとなっているのです。降灰は、農作物や日常生活に悪影響をもたらすやっかいなものですが、県民はその対応にも慣れています。

鹿児島県では、テレビなどの天気予報の時間に桜島の降灰予報の情報が伝えられます。県民は、こうした情報をもとに、降灰が予想される場合には、晴れていても傘を持ち、布団や洗濯物は外に干さず、降灰で汚れるような白い服は着ないなど、日常的に効果的な火山灰対策をしています。

● 噴煙を上げる桜島（写真提供：フォトライブラリー）

噴火から命を守る

■ 噴出物の直撃を避ける

火山を登山していたり、火山の周辺の観光地にいたりしたときに、突然噴火が起きた場合、どのように対処すればよいでしょうか。

噴火直後に何よりも大切なのは、噴石や火山弾など、噴火によって噴出する固形物から身を守ることです。そのためには、すみやかに山小屋や避難小屋など安全な場所に逃げるしかありません。火山によっては観光客が逃げ込むためのシェルターもあります。噴火直後に噴石や火山弾が飛んでくることを知っておき、このような堅固な建物に避難しましょう。

逃げるときには、リュックサックや鞄などで、ひとまず頭や背中を保護することが重要です。

噴石の放出は、しばしば断続的に起きます。噴石が少なくなったと判断して、シェルターなどから出て行動すると、再び放出をはじめた噴石に襲われることもあるので、注意しましょう。

■ 火山灰から身を守る

火山灰については、これまでにも説明してきたように、降灰の時に外出をひかえたり、防塵(ぼうじん)マスクや防塵メガネをつけて呼吸器や目を守ったりすることが大切です。突然の降灰でマスクなどが用意できない場合は、タオルやハンカチなどで口元を覆いましょう。コンタクトレンズの人は、はずして眼鏡をかけましょう。

また、火山灰が室内に入ってこないように、窓はしっかり閉め、隙間をテープなどでふさぎましょう。精密機械は、ラップで包んで火山灰から保護します。

登山中に噴火したら

風上へ

噴煙をあびないようにできるだけ風上方向に避難。火砕流などが流れる谷筋や窪地は避ける。

山小屋か岩陰へ

火口から離れる方向にある山小屋・避難小屋・シェルターへ。まにあわない時は、大きな岩陰へ。

リュックサックで防御

噴石から身を守るために、リュックサックで頭と背中を隠してうずくまる。

タオルで口を

火山灰を吸わないようにタオルなどで口を覆う。火山灰が目に入ったらこすらず持参した水で流す。

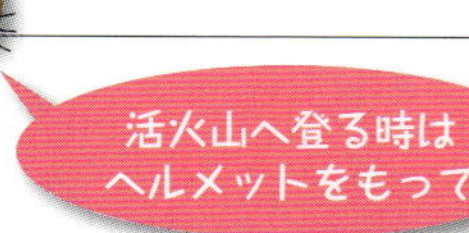

活火山へ登る時は
ヘルメットをもって

第 4 章

異常気象にそなえる

暖かくなっていく地球

■ 温暖化する地球

近年、日本だけではなく世界各地で、猛暑や台風の大型化、洪水、熱波、寒波、干ばつなど、さまざまな「異常気象」が起こっています。この章では、異常気象が起こるしくみや、そなえるために必要なことを解説していきます。最初は、異常気象の原因のひとつと考えられる「地球温暖化」についてです。

地球温暖化とは、地球全体の平均気温が急激に上昇していることです。たとえば日本では、1898年以降、100年当たり約1.1℃の割合で気温が上昇しています（下図）。

こうした現象が世界全体で起きていて、1880年から2012年の間に世界の平均気温は0.85℃上昇しました。この傾向は近年、とくにいちじるしく、最近30年間の各10年間の世界平均気温は、1850年以降のどの10年間よりも高くなっています。

温暖化を示すもうひとつのデータが、世界平均の海水面の変化です。1901年から2010年の間に海水面は19cm上昇したとみられています。その原因のひとつは、温暖化にあると考えられています。水は、温度が上がると膨張して体積が増える性質があります。このため、地球温暖化によって海水の温度が上昇すれば、それだけ海水の体積が増え、水位が上がるからです。

また、地球の北極や南極付近は温度が低いため、海水が凍って大量の氷があります。地球温暖化によって海水の温度が上昇すれば、氷が溶けてしまうため、その分、海水の体積が増え、水位が上がるのです。

このまま温暖化が進めば、2100年ごろには、地球全体の平均気温が約2.6～4.8℃上昇し、平均海水面は約45～82cm上昇すると予測されています。

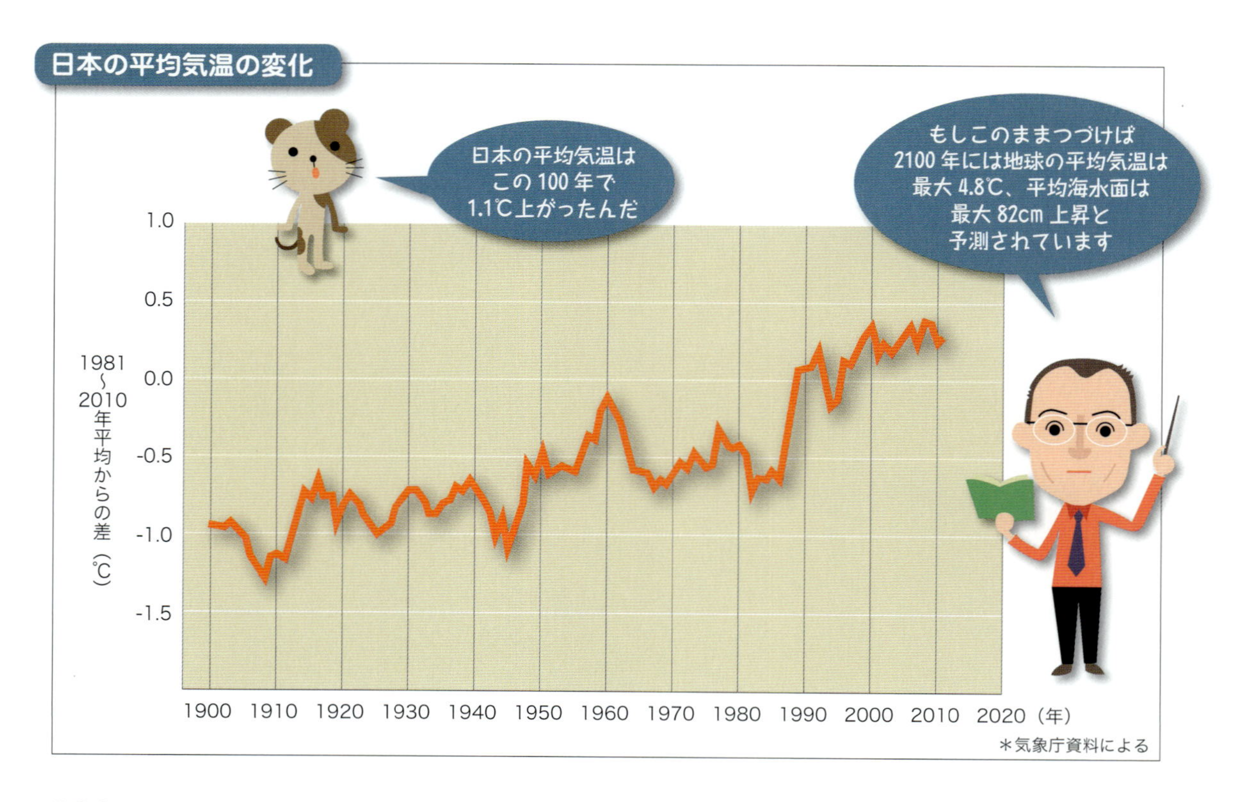
日本の平均気温の変化
日本の平均気温は
この100年で
1.1℃上がったんだ
もしこのままつづけば
2100年には地球の平均気温は
最大4.8℃、平均海水面は
最大82cm上昇と
予測されています
1.0
0.5
0.0
-0.5
-1.0
-1.5
1981～2010年平均からの差（℃）
1900
1910
1920
1930
1940
1950
1960
1970
1980
1990
2000
2010
2020（年）
＊気象庁資料による

■ 温暖化の原因

地球温暖化の原因のひとつと考えられるのが、二酸化炭素など「温室効果ガス」の増加です。

地球はつねに太陽から熱を受け続けていますが、その一方で、受けた熱の一部はつねに赤外線として地球から外に出ています。地球をとり囲む大気中に存在する二酸化炭素などの気体のなかには、そうした赤外線を熱として吸収し、再び地球へ戻すはたらきをするものがあります。これを「温室効果」といい、温室効果をもつ気体を「温室効果ガス」といいます。もし温室効果ガスが存在しなかったら、地球の平均気温は今よりもずっと下がり、約−19℃になると考えられています。温室効果ガスのおかげで、地球の平均気温は約15℃という、私たちがくらしやすい温度に保たれてきたのです。（下図）

ところが、そんな温室効果ガスのひとつである二酸化炭素の大気中の濃度が、1750年と比べて2013年には約1.4倍に増えてしまいました。二酸化炭素は、ものを燃やすことによって発生します。そして、私たちはこの100年ほど石炭や石油などの化石燃料を大量に消費するようになりました。このため、二酸化炭素のような温室効果ガスが増えたと考えられています。

温室効果ガスが増えれば、温室効果がこれまで以上にはたらき、地球から出ていくはずの熱も大気中で吸収され、また地表へと戻ります。こうして地球が次第に暖まり、温度が上がったとも考えられているのです。

温室効果とは

温室効果ガスがない場合

太陽光　赤外線　地表

温室効果ガスがある場合

透過　温室効果ガス　吸収・放射

太陽光　赤外線　地表

早くなった「さくら前線」

寒い冬が終わり、暖かい春がやってくると、日本列島の南のほうからさくらが咲きはじめ、次第に北へと移っていきます。そんなさくらの開花日の南から北への移り変わりを示す「さくら前線」に、最近、異常がみられるようになりました。さくら開花日が早くなり、たとえば４月１日の開花ラインが、図のように以前よりも北へと押し上げられているのです。これも、地球温暖化の影響とみられています。

ソメイヨシノ開花前線の変化

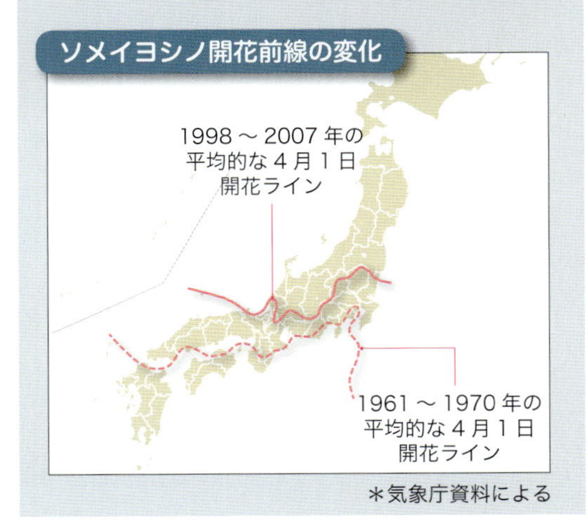

＊気象庁資料による

極端化する気候

■ 世界各地で起きている異常気象

次に、近年、日本や世界各地で起きている異常気象の現状を紹介しましょう。

日本では近年、毎年のように記録的な猛暑に襲われ、熱帯夜（夜間の最低気温が25℃以上の夜）や猛暑日（1日の最高気温が35℃以上の日）が増え、冬日（1日の最低気温が0℃未満の日）は少なくなっています。記録的な豪雨も毎年のように各地で発生し、土砂崩れや川の氾濫などを引き起こして、多くの人が犠牲になっています。その反対に、冬には記録的な豪雪の被害に見舞われる地域もあります。また、都市では、短時間のうちにせまい範囲に集中して突然、はげしい雨が降る「ゲリラ豪雨」が増えてきました。

世界に目を向けると、非常に温度の高い空気が広い範囲を覆う「熱波」や、非常に温度の低い空気が流れ込む「寒波」の襲来が頻繁に起きています。また、台風やハリケーンが大型化してたくさんの犠牲者が生まれ、雨が極端に少ないために干ばつが起き、農作物などに深刻な被害をもたらしています。

■ 海水面温度の異常が原因？

こうした異常気象の原因として、地球温暖化の影響が指摘され、そのしくみの解明が進められています。そのひとつが、「エルニーニョ現象」とよばれる海水面の温度の異常です（下図）。

太平洋東部の赤道付近から南アメリカのペルー沿岸にかけての海水面の温度が、通常より1～2℃、時には5℃ほど高くなることがあります。これを「エルニーニョ」（男の子）といいます。ふだんは3か月程度で終わりますが、半年から1年にわたってつづくことがあり、その時期には冷夏や干ばつなど、世界各地でさま

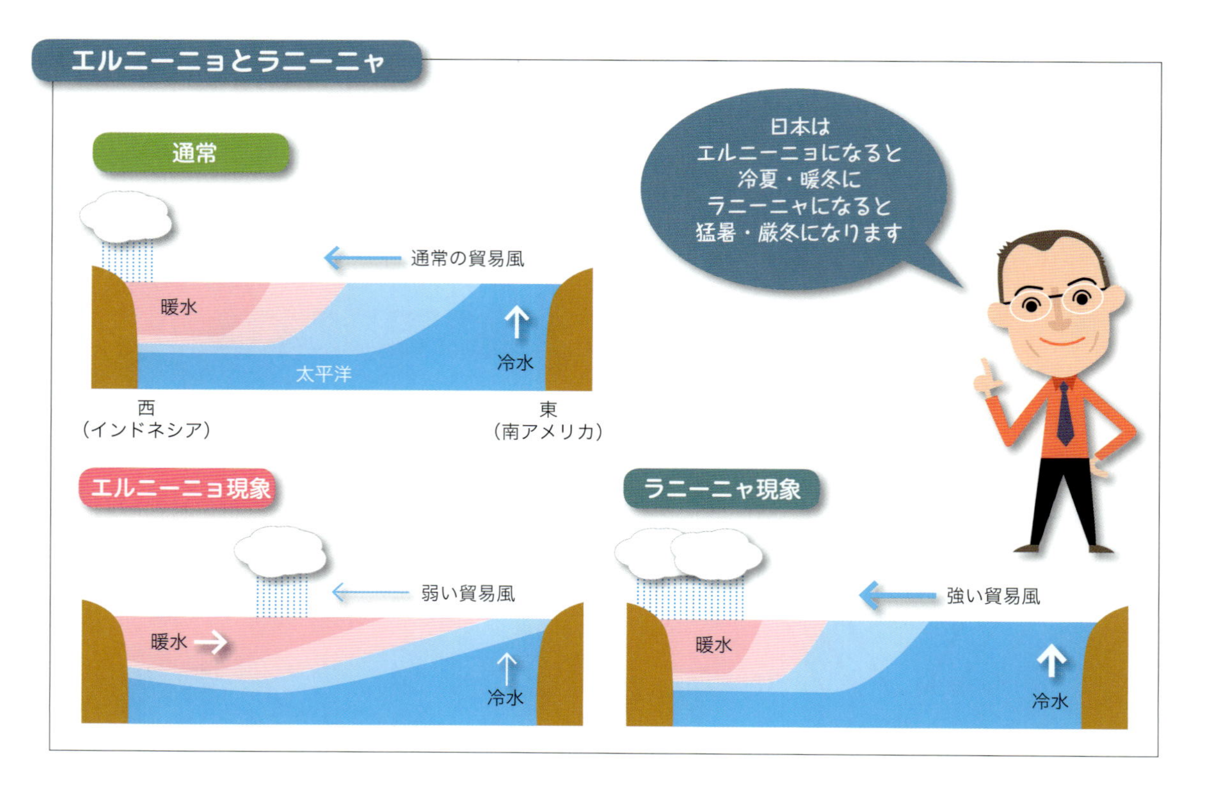

ざまな異常気象が確認され、「エルニーニョ現象」として注目されるようになりました。

エルニーニョの原因は、「貿易風」が弱まることです。貿易風とは、太平洋の上で東から西へと吹く風で、その影響で、太平洋東部の海水面の、太陽に照らされて暖かくなった海水が西へと流されます。その分、海底から冷たい水が上がってきて、海水面の温度は下がります。ところが、貿易風が弱まると、暖かい海水はあまり西へと流されず、海底から上がってくる冷たい水も減り、海水面の温度が上昇するのです。

海水面が暖かいところでは、雲のもととなる水蒸気が多く発生し、上空に雨を降らす積乱雲ができます。ところが、エルニーニョが起こると、広い太平洋全体の海水面の温度の状況が変わり、上空の気候も変わります。そんな状態が長く続くことが、世界各地に異常気象をもたらすと考えられるのです。

エルニーニョとは逆に太平洋東部の海面水温が低くなることがあり、これを「ラニーニャ」(女の子) といいます。エルニーニョの場合とは逆に、貿易風が強まることで起こり、やはり異常気象の原因となると考えられます。

■ インド洋や北極でも異常が

海水面の温度の異常現象は太平洋だけでなくインド洋などでも起き、異常気象を引き起こしているといわれます。また、北極の海水が減少したことで、上空の気温が上がり、大気の流れが変化して、異常気象の原因となったとも考えられています。また、こうした異常が、地球温暖化が引き金となって起こったという指摘もありますが、まだそのしくみははっきりとは解明されていません。事実として地球の各地でさまざまな異常現象が起き、それが異常気象を引き起こしているのです。

ヒートアイランド現象

大都市の気温が周辺の地域よりも高くなることを「ヒートアイランド現象」といいます。水分を含んだ土や植物には、水が蒸発する時に熱が出て、温度を下げる効果があります。しかし、都会に多いアスファルトやコンクリートには、そうした効果がなく、熱がためられてしまうのです。風をさえぎる高い建物や、エアコンや自動車から出る熱も、気温を上げる原因になります。こうした気温の上昇は、ゲリラ豪雨のひとつの原因になっているともいわれています。

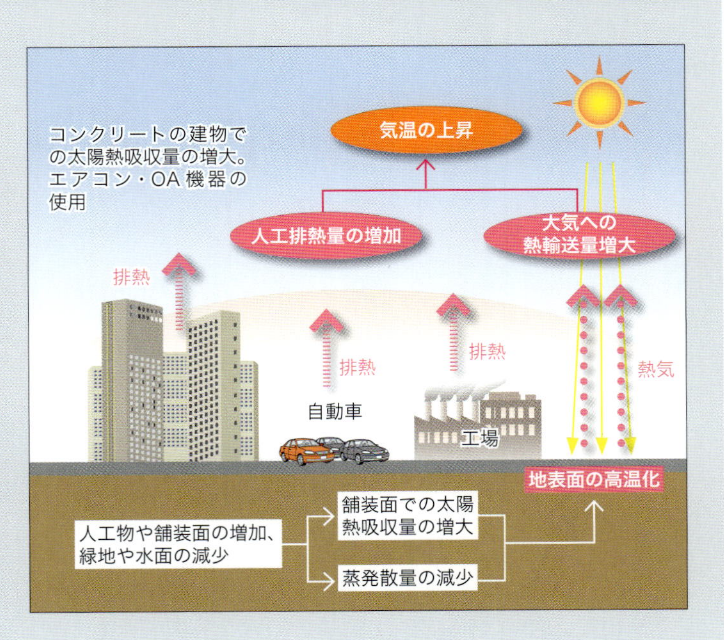

台風のしくみ

■ 台風の構造

ここからは、異常気象の具体的な例について紹介していきましょう。１つ目は、巨大化する台風です。強い雨や風をともなう台風は、毎年、夏になるといくつも日本列島にやってきて、時に大きな被害をもたらします。そんな台風が、最近、とくに巨大化する傾向がみられるのです。

まず、台風の基礎知識について解説しましょう。台風は、巨大な雲のうずです。高い雲(積乱雲)がつながって壁のようになり、うずを巻いています。雲の下でははげしい雨が降り、うずの中心に向かってはげしく風が吹き込んでいます。台風の中心には、雲のない「目」とよばれる部分ができ、「目の壁」とよばれるとりわけ分厚くて高い雲の壁に囲まれています。目の壁付近では、吹き込んできた風がうずを巻いて上昇していますが、目の中心部分はほとんど風がありません。

■ 台風の一生

台風は、北西太平洋付近で生まれた「強い熱帯低気圧」です。熱帯の海上の気圧の低い部分（低気圧）には、まわりの気圧の高い部分から空気が吹き込み、上昇します。上昇した空気は冷やされて、空気中に含まれていた水蒸気が水滴に変わります。夏、冷えたコップのまわりに水滴がつくのと同じ現象です。こうした水滴が集まってできるのが雲です。温かくて湿った空気が上昇すると、雲は柱のように高くて太くなります。これが積乱雲（入道雲）です。

台風の生まれる付近の海の上の空気は、とくに温度が高く、たくさんの水蒸気が含まれているため、大きな積乱雲ができます。それがいくつもつながってさらに大きくなり、同時に、地球が自転している影響で回転し、うずを巻きはじめます。そして、時間がたつにつれて回転す

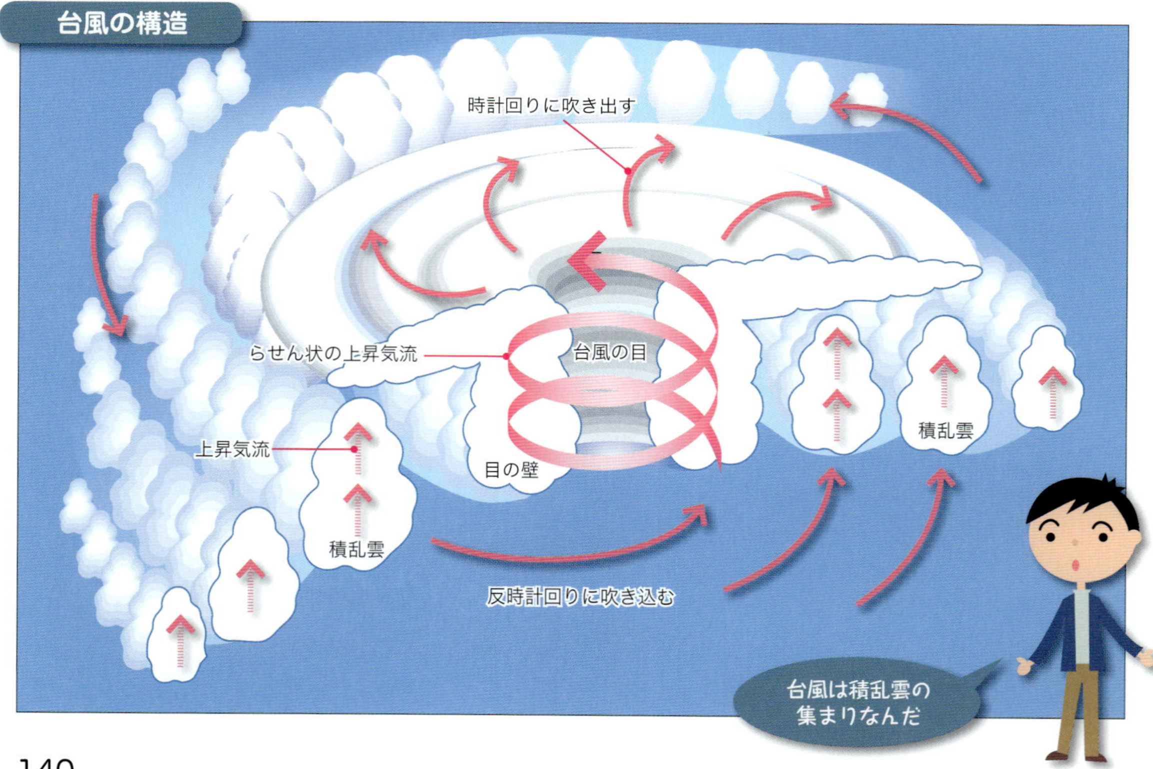

る速度が速くなり、サイズも大きくなって、台風となるのです。中心に、雲のない台風の目ができるのは、回転する物体には、中心から外に向かって「遠心力」がはたらくためです。この遠心力によって、雲が外側に引っ張られているのです。

台風は、太平洋上を東から西に吹く貿易風などにのって移動します。温かな海の上にある時には、海水からの水蒸気をエネルギーに発達しますが、海の温度が低くなったり、上陸して海水から水蒸気が得られなくなったりすると、急速に衰え、消えてしまいます。

「ハリケーン」「サイクロン」とは

台風は発生する場所によって名前が変わり、太平洋の北東部付近や大西洋なら「ハリケーン」、インド洋や太平洋の南西部付近なら「サイクロン」とよばれます。名前が違うだけで、「強い熱帯低気圧」であることは同じです。ただし、台風やサイクロンは最大風速が10分間の平均で秒速17.2mを超える場合ですが、ハリケーンは1分間の平均で秒速32.7m以上という違いがあります。

台風の一生と進路

発生数がいちばん多いのは8月。9月以降になると南海上から放物線を描くように日本付近を通る。過去に日本に大きな災害をもたらした台風の多くは9月にこの経路をとっている。

台風の平均寿命は5.3日なんですって

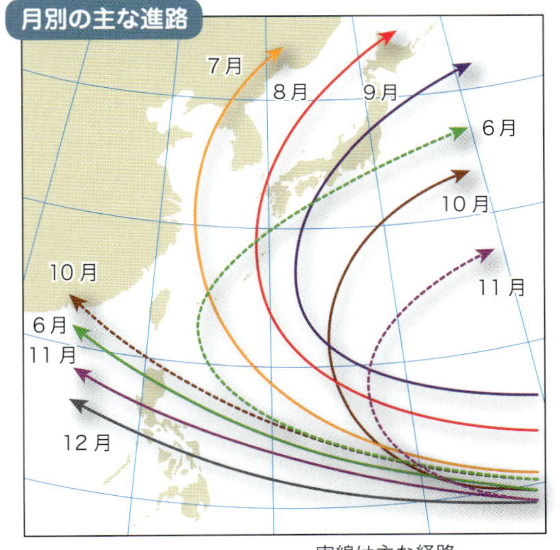

実線は主な経路
破線はそれに準ずる経路

発生期

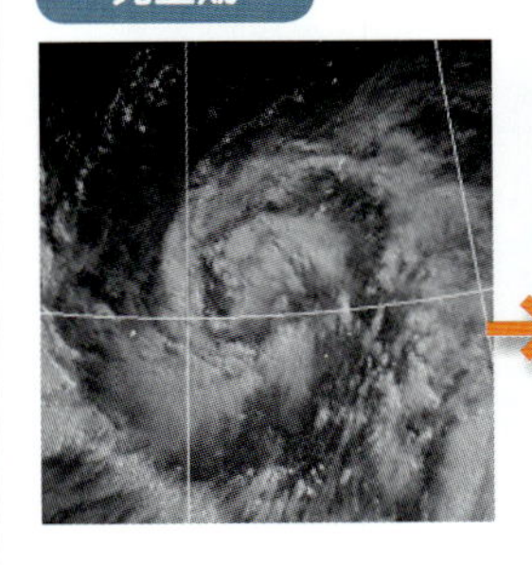

発達期

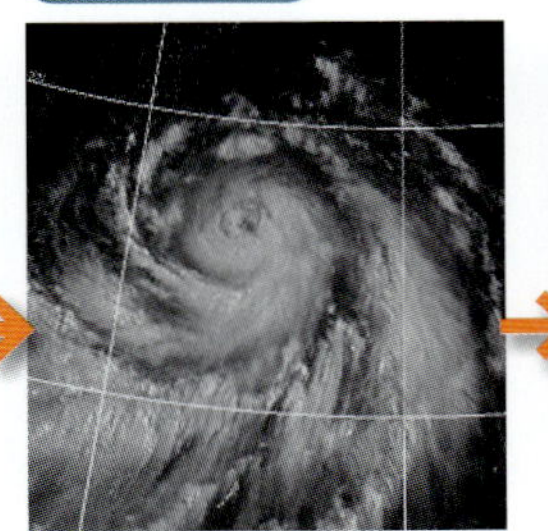

最盛期

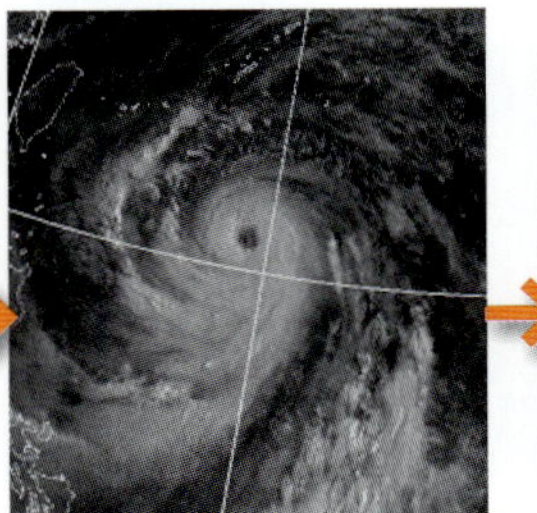

衰弱期

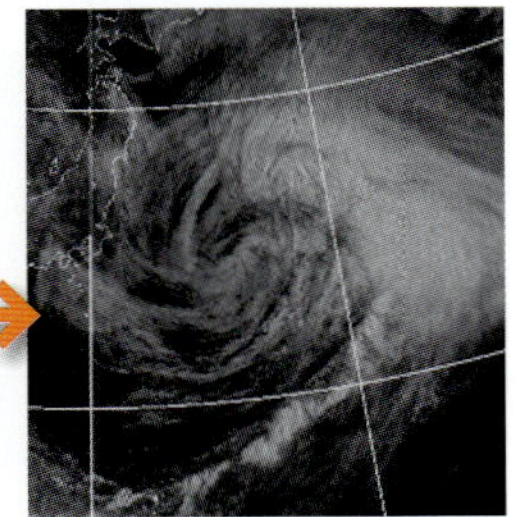

＊気象庁資料による

巨大化する台風

■ 最大の被害「伊勢湾台風」

これまで日本を襲った台風のなかで被害が最大だったのは 1959 年 9 月の伊勢湾台風で、5000 人以上の死者・行方不明者を出しました。

台風の規模は「強さ」と「大きさ」によって表されます。「強さ」の基準となるのは風速で、気象庁では 10 分間の平均風速を基準に、「強い」「非常に強い」「猛烈な」と階級分けしています。「大きさ」の基準となるのは強い風の吹く範囲で、気象庁では秒速 15m 以上の強風域の範囲を基準に、「大型（大きい）」「超大型（非常に大きい）」と階級分けしています。伊勢湾台風の当時は観測体制が今と違うので単純に比較はできませんが、残された記録をあてはめれば、最大風速は秒速 45.4m、強風域は半径 650 ～ 750km で、どちらも上から 2 番目にあたる、「大型で非常に強い」台風となります。

■ 超「伊勢湾台風」

近年、伊勢湾台風を超える規模の台風が発生しています。2013 年 11 月に発生した台風 30 号「ハイエン」は、日本ではなくフィリピンに上陸し、6000 人以上もの死者を出しました。10 分間平均の最大風速は秒速約 65m で、強さはいちばん上の階級の「猛烈な」台風です。さらに、世界に目を広げると、2005 年 8 月、猛烈なハリケーン「カトリーナ」がアメリカ南部に上陸し、1800 人を超える死者が出ました。2015 年 3 月には、猛烈なサイクロン「パム」が南太平洋の島々を襲い、大きな被害をもたらしています。

こうした台風の巨大化の理由はまだはっきりとしませんが、地球温暖化の影響も指摘されています。温暖化によって海水の蒸発が盛んになって空気中の水蒸気量が増加し、積乱雲の発達をうながすとも考えられるのです。

「スーパー台風」とは

スーパー台風とは、1 分間の平均風速が最大で秒速 67m 以上に達する巨大台風のことです。この等級はアメリカ軍の合同台風警報センターが独自に定めたもので、5 段階で評価する通常のアメリカの熱帯低気圧の階級ではカテゴリー 4 ～ 5、日本の気象庁の採用する 10 分間の平均風速では秒速 59m 以上に相当します。

2013 年 11 月にフィリピンを襲った台風 30 号「ハイエン」は、1 分間の平均風速が最大で秒速 80m を優に超え、最大瞬間風速は秒速 100m 以上に達する、観測史上類まれな「スーパー台風」でした。

台風の強さと大きさ

強さの階級

階級	最大風速（m/s）
強い	33 ～ 44 未満
非常に強い	44 ～ 54 未満
猛烈な	54 ～

大きさの階級

階級	風速 15m/s 以上の半径（km）
大型（大きい）	500 ～ 800 未満
超大型（非常に大きい）	800 ～

超大型
大型

■「風台風」は「高潮」に要注意

台風には、移動速度が遅く、長時間激しい雨をもたらす「雨台風」と、移動速度が速く、風が強い「風台風」に分けられます。先に述べた伊勢湾台風やハイエンは典型的な風台風です。

風台風の特徴は、「高潮」の発生です。海水面が異常に上昇する現象で、気圧が下がった台風の中心に吸われるように海面が持ち上がる「吸い上げ効果」と、強風に吹かれた海水が海岸に押し寄せる「吹き寄せ」効果によって発生します。波が集中しやすい湾内の奥は、とくに大きな高潮に襲われる危険があります。

伊勢湾台風では名古屋での観測史上1位の389cmを記録する高潮がもたらされ、被害を大きくしました。今後、日本にも、ハイエンのような猛烈な風台風が襲来することは十分に考えられますから、高潮へのそなえが欠かせません。

高潮のしくみ

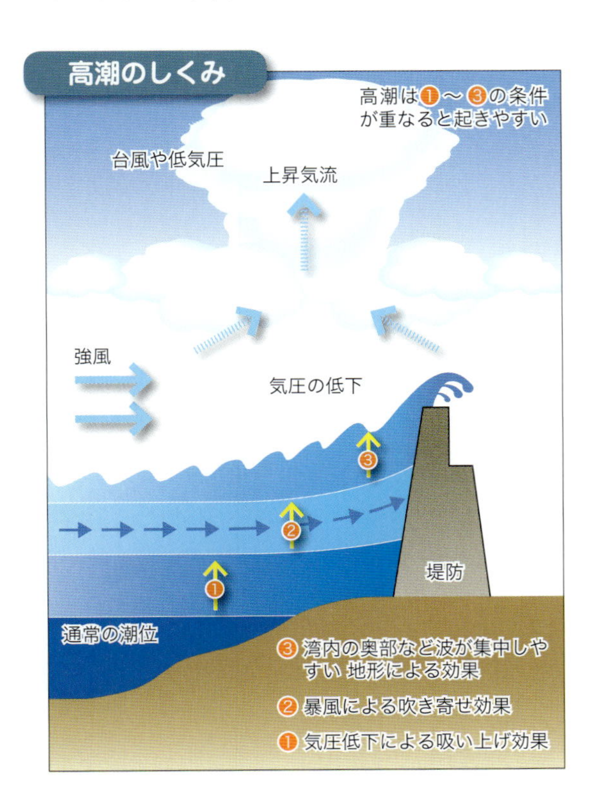

風の強さ

平均風速（m /s）	風の強さ（予報用語）	影響
10〜15未満	やや強い風	風に向かって歩きにくい。傘がさせない
15〜20未満	強い風	風に向かって歩けない。転倒する人も
20〜25未満	非常に強い風	車の通常の速度での運転が困難になる
25〜30未満		
30〜35未満	猛烈な風	固定の不十分な金属屋根がめくれる
35〜40未満		走行中のトラックが横転する
40〜		倒壊する家屋がある

＊気象庁資料による

ゲリラ豪雨と集中豪雨

■ ゲリラ豪雨は予測できない

異常気象の例の２つ目は、ある地域に集中して強い雨が降る「集中豪雨」です。集中豪雨のなかでも最近、話題なのが「ゲリラ豪雨」です。

ゲリラ豪雨とは、短い時間にかぎられた狭い範囲でとてもはげしく降る、予測できない雨のことをいいます。ある場所では大変な豪雨なのに、数 km 離れたところではまったく雨が降らないこともめずらしくありません。こうした現象は過去にもみられ、ゲリラ豪雨という言葉が生まれたのは何十年も前ですが、最近、とくによく発生することから、一般的になりました。ただし、正式な用語ではなく、気象庁では使っていません。近い言葉には、「局地的大雨」があります。

ゲリラ豪雨の元となるのは、台風と同じく積乱雲です。ある地域に大量の水蒸気を含む湿った空気が流れ込んで大気の状態が非常に不安定になると、地域内のあちこちで湿った空気が上昇して、積乱雲が急速に、非常に大きく発達します。これがゲリラ豪雨をもたらすのです。現在の予報技術では、「この地域のどこかで積乱雲が発生する可能性が高い」とは予測できても、その地域内のどこで、いつ、積乱雲が発生するかまでは予測できません。

■ 都市部に多いゲリラ豪雨

ゲリラ豪雨は都市部でよく発生します。原因ははっきりしませんが、ヒートアイランド現象（→ p.139）によって気温が上がっていることも影響しているといわれます。都市部にはアスファルトやコンクリートが多いため、雨水が地面に吸収されずに低い場所にたまりやすいのが被害の特徴で、大量の雨水が下水道に流れ込んで勢いよく運ばれ、雨が降っていない地域で作業していた人が亡くなった例もあります。

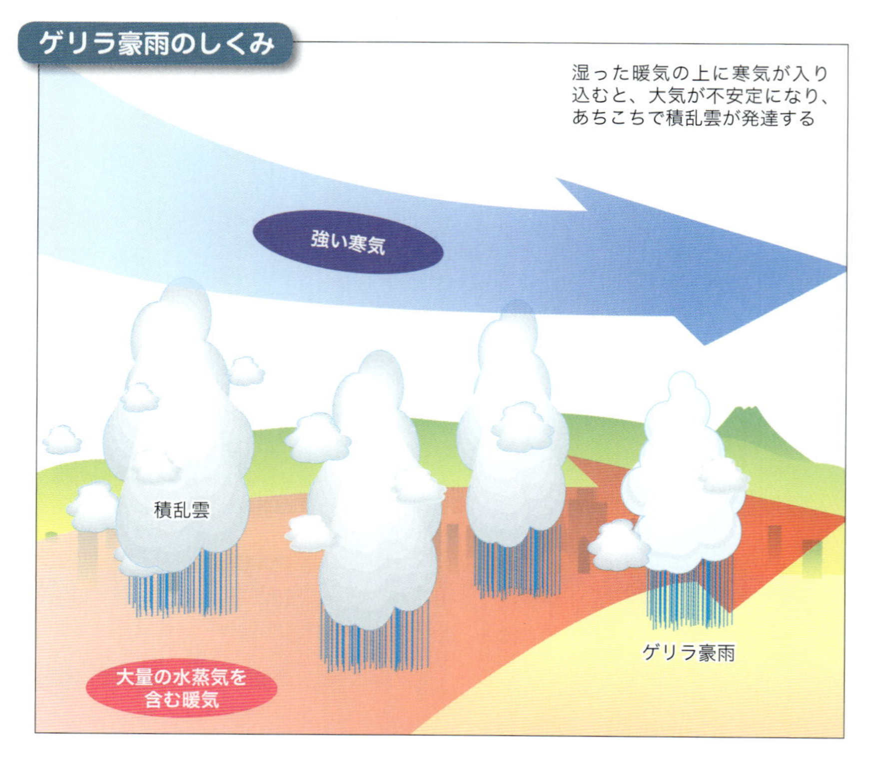
ゲリラ豪雨のしくみ
湿った暖気の上に寒気が入り込むと、大気が不安定になり、あちこちで積乱雲が発達する
強い寒気
積乱雲
ゲリラ豪雨
大量の水蒸気を含む暖気

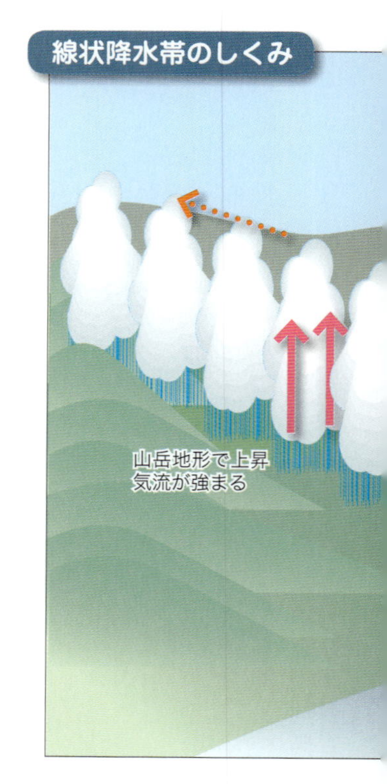
線状降水帯のしくみ
山岳地形で上昇気流が強まる

■ 線状降水帯

雨の強さは、1時間あたりに降る量の多さで表されます。集中豪雨にははっきりした定義はありませんが、気象庁では、1時間あたり80mm以上となる強さの雨を「猛烈な雨」としています。

雨が強く、しかも長時間降れば、集中豪雨による被害はそれだけ大きくなります。そうした雨の原因となるのが、「線状降水帯」とよばれる、細長く発達した積乱雲です。積乱雲が風に流されて移動するとき、もともとその雲があった場所に新たに積乱雲が発生し、もとの積乱雲とつながります。これを繰り返すことで、細長く発達していくのです。線状降水帯は、電車がレールの上を進むように移動するので、同じ場所に何時間にもわたって雨を降らせつづけることになり、集中豪雨の被害をとくに大きくするのです。

雨の強さ

1時間雨量(mm)	雨の強さ(予報用語) イメージ	影響
10～20未満	やや強い雨 ザーザー	地面からのはね返りで足もとがぬれる
20～30未満	強い雨 土砂降り	地面一面に水たまりができる ワイパーを速くしても見づらい
30～50未満	激しい雨 バケツをひっくり返したよう	寝ている人の半数が雨に気づく
50～80未満	非常に激しい雨 滝のように(ゴーゴーと降り続く)	道路が川のようになる 水しぶきで一面が白くなり視界が悪くなる
80～	猛烈な雨 息苦しくなるような圧迫感。恐怖を感じる	雨による大規模災害のおそれ

＊気象庁資料による

集中豪雨と土砂災害・洪水

■ 土砂災害は斜面で発生する

集中豪雨は、さまざまな災害の引き金となります。代表的なのが、大量の土砂が家屋や人を飲み込む土砂災害です。雨が降るとその水は地面にしみこみ、地盤がゆるみます。地中に蓄えられる水の量には限界がありますから、大量の雨が降り続き、限界に達すると、土砂が崩れ落ちてしまうのです。

土砂災害には3つのパターンがあります（下図）。1つ目は、山から川へと崩れ落ちた大量の土砂や石が川の水で運ばれて一気に下流へと押し流され、川からあふれる「土石流（鉄砲水）」。2つ目は、斜面全体もしくは一部が一気にすべり落ちていく「地すべり」。3つ目は、斜面が突然崩れ落ちる「がけ崩れ」です。いずれも山や丘などの斜面で起きます。

土砂災害は、発生すると一瞬で家屋や田畑を飲み込んでしまいますから、事前に危険をいち早く察知し、避難することがとても大切です。

■ 堤防の決壊

洪水も、集中豪雨によって引き起こされる代表的な災害です。大量の雨で川が増水し、堤防が決壊して氾濫し、田畑や町が水浸しになって家屋が流されるなどの被害をもたらします。

堤防の決壊にはいくつかのパターンがあります（右図）。1つ目は「越流（えつりゅう）」で、増量した川の

土砂災害

土石流（鉄砲水）
土砂や石などが水と一緒になって流れ下る
前兆
● 山鳴りがする
● 大雨なのに水位が下がる
● 川の水が濁ったり流木が流れてくる
地すべり
土砂が大きなかたまりのまま滑り落ちる
前兆
● 井戸や沢の水が濁る
● 斜面から水が吹き出す
● 斜面にひび割れができる

水位が堤防よりも高くなって水が堤防を越えて流れ出し、それによって堤防の土が洗い流されて壊れます。

２つ目は「浸透」で、川の水が堤防の土の内部に浸み込み、地盤がゆるんで壊れます。３つ目は「侵食・洗掘（せんくつ）」で、川の水が勢いよく流れるはたらきで堤防の土が少しずつ削られ（侵食）、さらに洗い流されて（洗掘）壊れるのです。

洪水は、集中豪雨が発生している場所で起こるとはかぎりません。川の上流で集中豪雨が発生した場合、たとえ下流では雨が降っていなかったとしても、大量の水が流されてきて水位が上昇し、堤防が決壊して洪水が引き起こされるおそれがあるので注意が必要です。

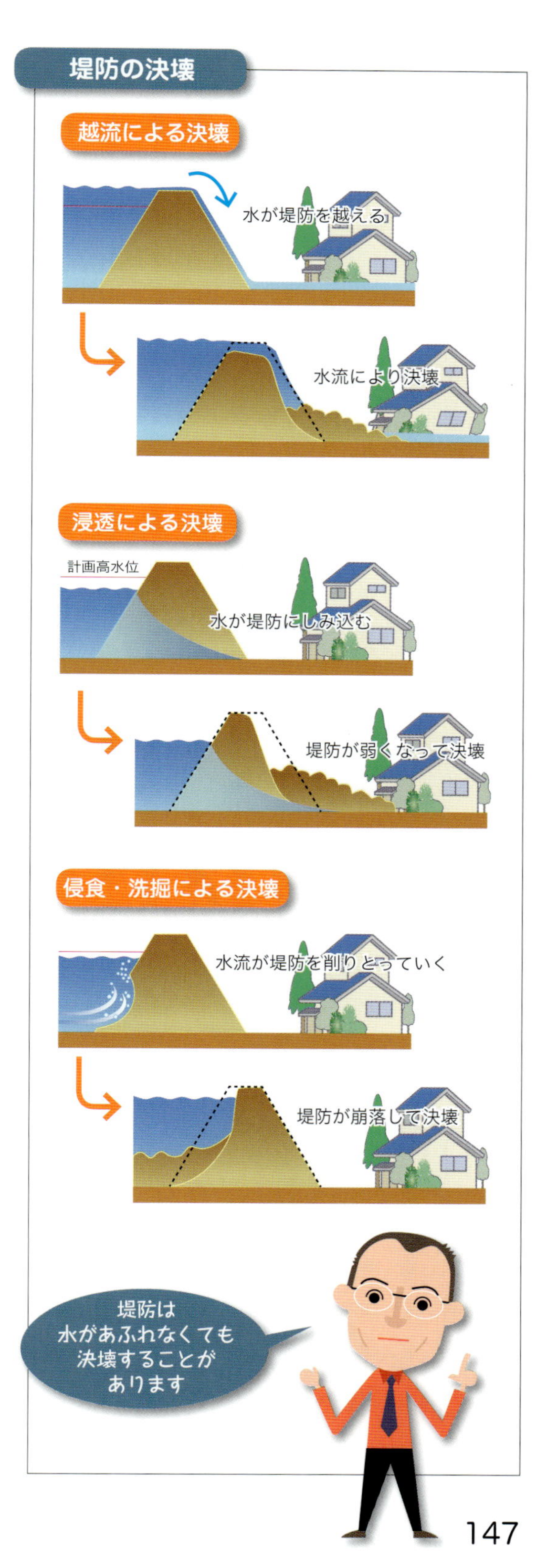

竜巻のしくみ

■ 竜巻は上昇気流が起こす

竜巻や雷はどちらも一般的な自然現象で、異常気象ではありませんが、時に大きな被害をもたらします。

2012年5月には茨城県で日本最大級の竜巻(F3)が発生し、木造2階建ての住宅が根こそぎ持ち上げられ、逆さになって倒れるなど、約2000棟の建物が損壊して、死者1人、負傷者は50人以上に達しました。

竜巻とは砂やちりを巻き上げながら移動するはげしいうず巻です。うずを巻くところは台風と同じですが、竜巻のほうがずっと規模が小さく、その代わりに台風よりも強い風が吹きます。街中などで突然、発生するのも大きな特徴です。

竜巻は、台風と同じく積乱雲によって発生します。積乱雲の下に温かく湿った空気が入って生まれた強い上昇気流により、上空の積乱雲に吸い込まれるようなはげしいうず巻が起きるのです。このうず巻を、その形から、ろうと雲などとよんでいます。(下図)

■ 下降気流による突風

突然吹くはげしい風は、竜巻だけではありません。2015年4月に広島空港で、航空機が着陸に失敗し、27人が負傷する事故が起こりました。事故の原因のひとつとして指摘されているのが「ダウンバースト」です。

突風の種類とメカニズム

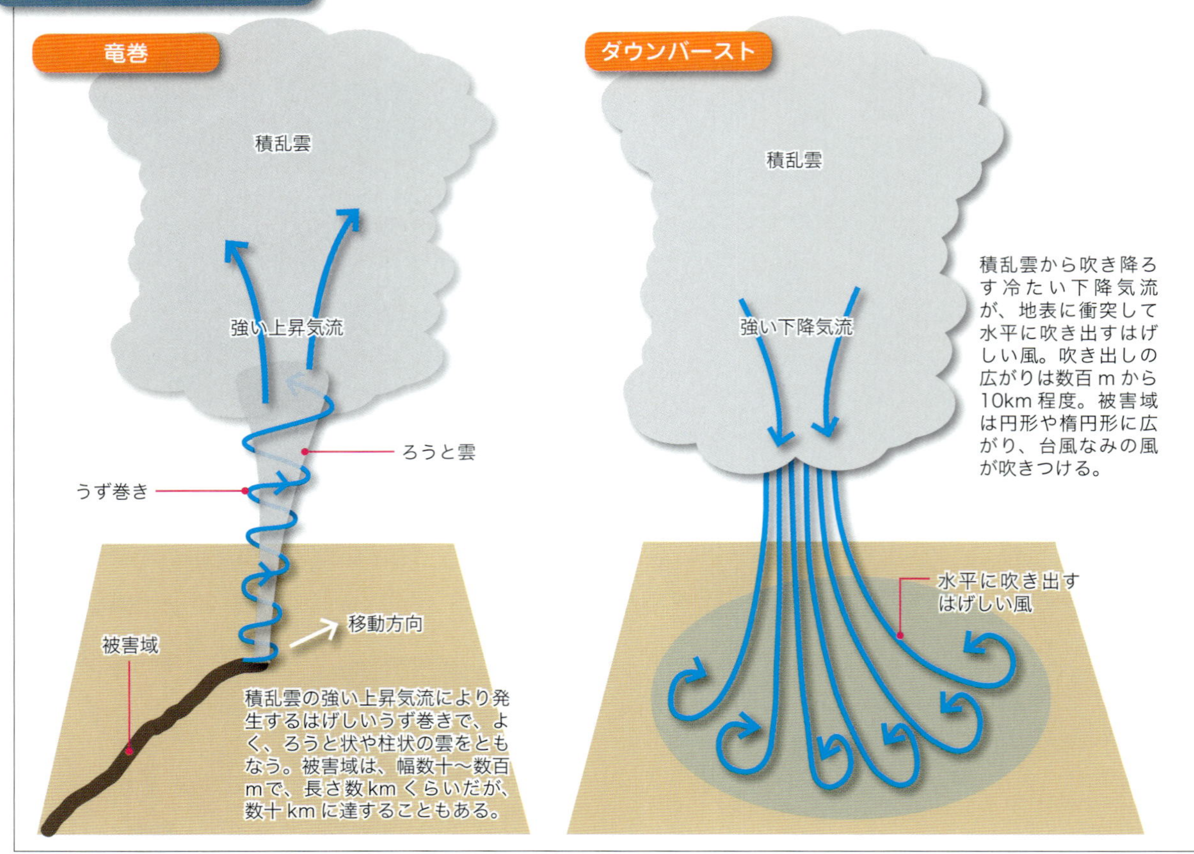

ダウンバーストは、四方に広がるように吹き、被害を受ける場所が円形や楕円(だえん)形に広がるのが特徴です。竜巻と同じく積乱雲から発生しますが、原因となるのは上昇気流ではなく、下降気流です。発達した積乱雲から重くて冷たい空気が吹き出して下降気流となり、地面に衝突して水平に広がるのです。(下図)

このほか、積乱雲の下にできた重くて冷たい空気のかたまりが、温かくて軽い空気のかたまりのほうに流れ出す「ガストフロント」も突風の一種です。(下図)

突風は、風速を実際に測るのがむずかしいため、被害の状況から風速を推定してF1～F5の5段階で表す「藤田スケール」が考案されました。

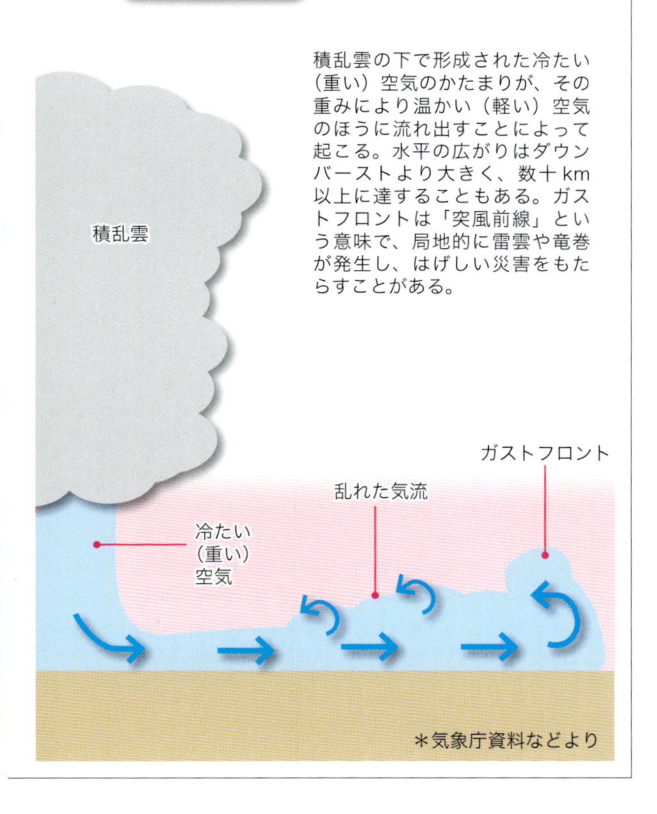

ガストフロント
積乱雲の下で形成された冷たい（重い）空気のかたまりが、その重みにより温かい（軽い）空気のほうに流れ出すことによって起こる。水平の広がりはダウンバーストより大きく、数十km以上に達することもある。ガストフロントは「突風前線」という意味で、局地的に雷雲や竜巻が発生し、はげしい災害をもたらすことがある。
積乱雲
ガストフロント
乱れた気流
冷たい（重い）空気
＊気象庁資料などより

藤田スケール

スケール	風の強さ（m /s）	状況
F 0	17～32（約15秒間の平均）	テレビのアンテナなどの弱い構造物が倒れる。小枝が折れ、根の浅い木が傾くことがある。非住家が壊れるかもしれない。
F 1	33～49（約10秒間の平均）	屋根瓦が飛び、ガラス窓が割れる。ビニールハウスの被害甚大。根の弱い木は倒れ、強い木は幹が折れたりする。走っている自動車が横風を受けると、道から吹き落とされる。
F 2	50～69（約7秒間の平均）	住家の屋根がはぎとられ、弱い非住家は倒壊する。大木が倒れたり、ねじ切られる。自動車が道から吹き飛ばされ、汽車が脱線することがある。
F 3	70～92（約5秒間の平均）	壁が押し倒され住家が倒壊する。非住家はバラバラになって飛散し、鉄骨づくりでもつぶれる。汽車は転覆し、自動車は持ち上げられて飛ばされる。森林の大木でも、大半折れるか倒れるかし、引き抜かれることもある。
F 4	93～116（約4秒間の平均）	住家がバラバラになって辺りに飛散し、弱い非住家は跡形なく吹き飛ばされてしまう。鉄骨づくりでもペシャンコ。列車が吹き飛ばされ、自動車は何十mも空中飛行する。1トン以上ある物体が降ってきて、危険この上もない。
F 5	117～142（約3秒間の平均）	住家は跡形もなく吹き飛ばされるし、立木の皮がはぎとられてしまったりする。自動車、列車などがもち上げられて飛行し、とんでもないところまで飛ばされる。数トンもある物体がどこからともなく降ってくる。

＊気象庁資料による

日本では
F4以上の竜巻は
観測されていません

落雷のしくみ

■ 毎年死者が出る落雷

「地震・雷・火事・親父」という言葉があるように、雷は古くから人々に恐れられてきました。はげしい稲光や雷鳴とともに発生する雷の正体は、上空の積乱雲と地上との間で流れる電気です。そのエネルギーは膨大で、わずか10万分の1秒の間に、一般家庭で使う電力の1か月分以上にあたる電力が流れることもあります。

海岸や山、グラウンドなどの開けた場所では、人を雷が直撃することも少なくありません。約8割が感電死し、助かっても多くの場合、障害が残ります。樹木や建物が倒れ、停電などの原因ともなります。

■ 氷の粒の衝突で電気が

雷が起こるもとは、積乱雲の中にある氷の粒です。はげしい気流によって粒同士がぶつかると静電気が発生し、小さな氷の粒はプラス、大きな氷の粒はマイナスの電気を帯びます。プラスの電気を帯びた小さな粒は軽く、上昇気流にのって雲の上部へ、マイナスの電気を帯びた大きな粒は重いので雲の下部に集まります。

地表には、雲の下部のマイナスの電気に引き寄せられてプラスの電気が集まります。そして、電気がたまる限界に達すると、雲の底の方のマイナスの電気と地表のプラスの電気の間で電流が流れます。これが落雷（対地放電）です。

落雷のしくみ

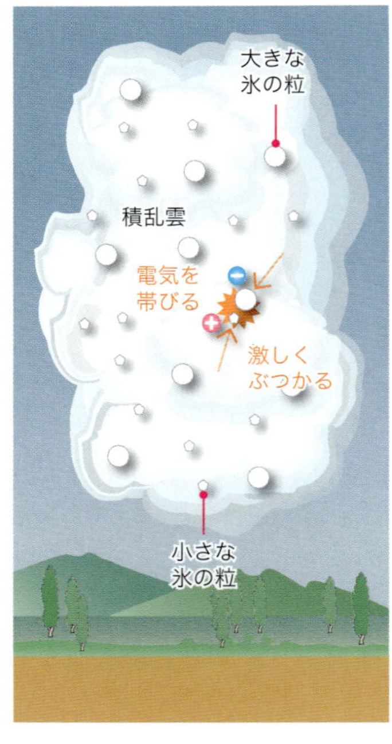

発達した積乱雲の中には、たくさんの氷の粒ができていて、これらがはげしい気流によってぶつかり合い電気を帯びる。小さな粒はプラスに、大きな粒はマイナスに帯電する。

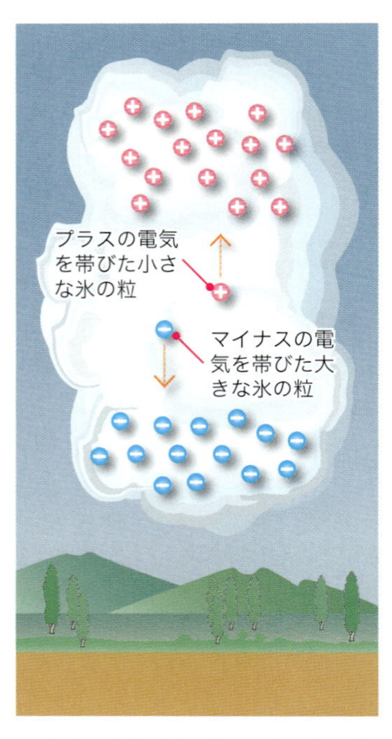

プラスの電気を帯びた小さな氷の粒は、上昇気流にのって雲の上部へ。マイナスの電気を帯びた大きな氷の粒は、その重さで落下して下部に集まる。こうして、雲の上部と下部の間に大きな電位差ができる。

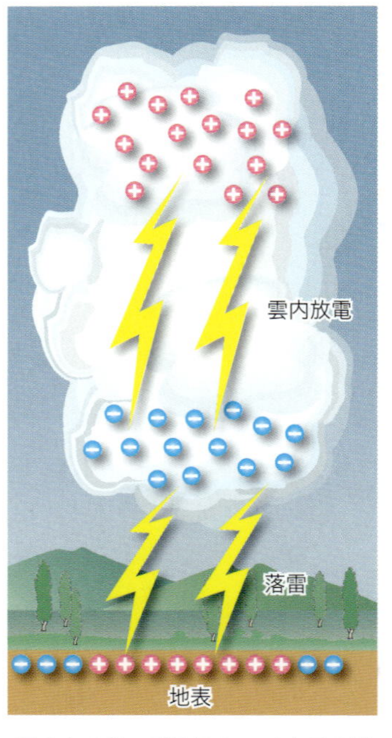

雲の中では、プラスとマイナスの電気の間に放電（雲内放電）が起きる。また、雲の下部のマイナスの電気によって地表にプラスの電気が集まり、この間でも放電（落雷）が起きる。

ちなみに、雲の中でも、プラスとマイナスの電気の間に電流が流れ放電します（雲内放電）。

■「熱雷」と「界雷」

雷は、積乱雲のでき方によって分けられます。夏の夕立などの時によく見られるのが「熱雷（ねつらい）」で、太陽によって地表が暖められて発生した上昇気流で積乱雲ができ、雷が発生します。

寒冷前線の通過によって起こるのが「界雷（かいらい）」で、暖かい空気のかたまりが、寒冷前線の冷たい空気のかたまりにもぐりこまれることで上昇し、積乱雲ができて雷が発生します。

両方の条件が重なってできる「熱界雷」もあります。

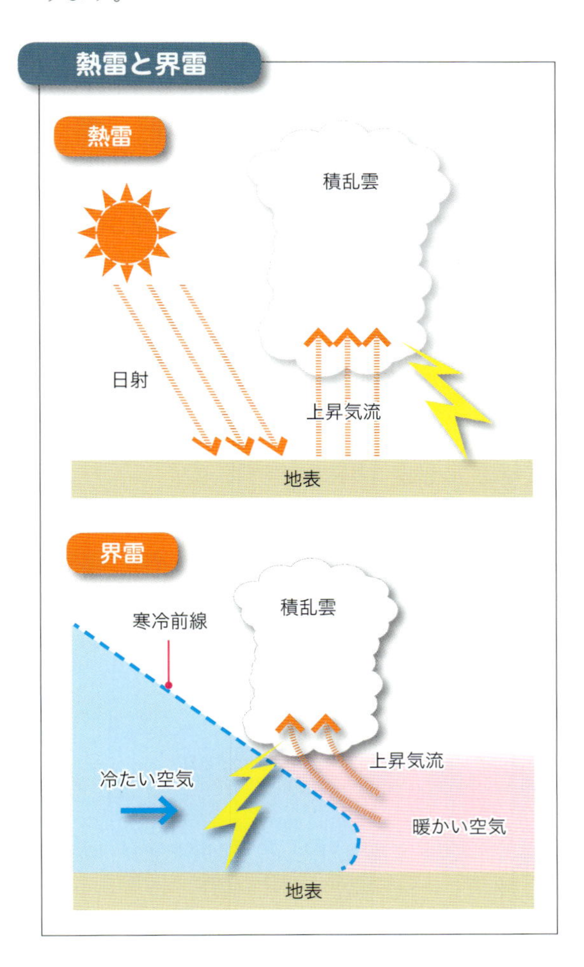

雹害

積乱雲の中の氷のつぶは、雷の原因となるだけでなく、地表に落下することもあります。落下した氷のつぶの直径が5mm未満の場合はあられ、5mm以上の場合は雹（ひょう）といいます。雹は、上昇気流が強いためあられが地表に落ちずに雲の中を上下しながら成長したもので、屋根や窓ガラス、車のフロントガラス、農作物などに落ち、深刻な被害を与えます。つぶが大きいほど落ちる速度も速くなるため（直径5cmのものは時速115km）、被害も大きくなります。1年のうちで雹による被害が最も多いのは5月です。日差しが強くなって地表付近の気温が上がり、強い上昇気流が発生しやすいからだと考えられています。気温の高い夏は、氷の粒が溶けて雨になりますが、5月は比較的気温が低いので、氷が溶けずに雹のまま落ちてきやすいのです。

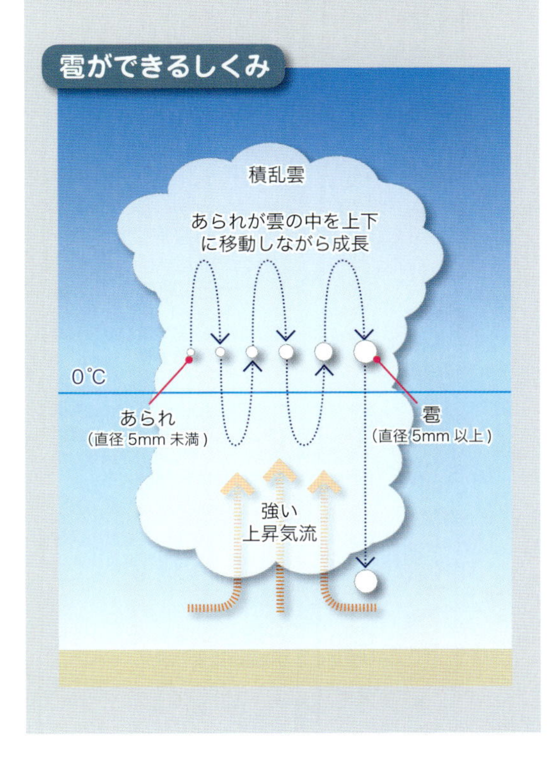

気象情報の活用

■ 気象警報・注意報とは？

ここまでみてきたように、台風や集中豪雨などの気象現象もまた、地震や火山噴火と同様に、恐ろしい災害をもたらします。しかも、巨大地震や火山噴火に比べると、より高い頻度で発生しています。

気象現象による災害にそなえるためには、なによりもリアルタイムで情報を手に入れることが大切です。ここでは気象情報の活用について説明していきます。

気象庁では、重大な自然災害が起きる可能性のある場合、警戒をよびかけるために気象警報と気象注意報を発表しています。この情報は、気象庁のホームページや各報道機関、あるいは市町村を経由して、私たちに知らされます。

気象警報には、警報と特別警報の２段階あります。特別警報は、2013 年 8 月 30 日から運用がはじまったもので、重大な災害の危険性がさしせまっている場合に、命を守る行動をよびかけるものです。特別警報が発表されると、テレビやラジオ、市町村から、「ただちに命を守る行動をとってください」とのよびかけがあります。

もし、あなたの住んでいる地域に特別警報が出た場合、その地域は数十年に一度という大災害の危機に瀕していると理解してください。そして、市町村の避難指示や避難勧告などの情報に気をつけながら、避難場所に避難するなど、すみやかに命を守る行動をとってください。もちろん、特別警報が出るまでは安全というわけ

気象警報と気象注意報

特別警報

数十年に一度の、警報の基準をはるかに超える重大災害の危険性が高い場合

大雨特別警報	台風や集中豪雨などにより数十年に一度の降雨量となる大雨が予想される。
大雪特別警報	数十年に一度の降雪量となる大雪が予想される。
暴風特別警報	数十年に一度の強さの台風や同程度の温帯低気圧により暴風が吹くと予想される。
暴風雪特別警報	数十年に一度の強さの台風と同程度の温帯低気圧により雪をともなう暴風が吹き、暴風による重大災害に加えて、雪によって見通しがきかなくなり重大な災害が予想される。
波浪特別警報	数十年に一度の強さの台風や同程度の温帯低気圧により高波になると予想される。
高潮特別警報	数十年に一度の強さの台風や同程度の温帯低気圧により高潮になると予想される。

警報

重大な災害が起こるおそれがある場合、警戒をよびかける予報

大雨警報	大雨により土砂災害などの重大な災害のおそれがある。
洪水警報	大雨などにより河川の増水や堤防の決壊などのおそれがある。
大雪警報	大雪により重大な災害のおそれがある。
暴風警報	暴風により重大な災害のおそれがある。
暴風雪警報	雪をともなう暴風により重大な災害のおそれがある。
波浪警報	高い波により重大な災害のおそれがある。
高潮警報	台風などによる異常な海面上昇により重大な災害のおそれがある。

ではありません。周囲の状況を見て、危険が迫ったと感じたら、いつでも避難ができる態勢をとっておくことが大事です。

■ 地域の防災情報

災害が近づいた時に、私たち住民に対して避難指示や避難勧告を出すのは、住んでいる地域の市町村です。市町村が出せない状況の場合は、その市町村がある都道府県が代行することもあります。

避難指示、避難勧告ともに強制力のあるものではありませんが、出された時には率先して避難をはじめましょう。それが自分の身を救うとともに、まわりの人の避難をうながして多くの命を救うことにもつながるのです。

なるほど情報館!

「ナウキャスト」の活用

「ナウキャスト」は、気象庁が発表する情報のひとつで、近年増加する集中豪雨や、雨が降りはじめて短時間で発生する都市型洪水など、変化が激しい気象現象を予測するためのものです。

現在、「降水ナウキャスト」「高解像度降水ナウキャスト」「雷ナウキャスト」「竜巻発生確度ナウキャスト」などがあり、インターネットや携帯端末から見ることができます。

刻々と変わる状況に対応して、1時間先までの予測が短時間で更新され、近い将来のくわしい見通しを知ることができます。

注意報
災害が起こるおそれがある場合、
注意をよびかける予報
大雨注意報
高潮注意報
着雪注意報
洪水注意報
濃霧注意報
霜注意報
大雪注意報
雷注意報
融雪注意報
強風注意報
乾燥注意報
低温注意報
風雪注意報
なだれ注意報
波浪注意報
着氷注意報
「着氷」「着雪」注意報は
送電線や船舶などの被害に対して
「霜」「低温」注意報は
農作物の被害などに対して
注意をよびかけるものです

＊気象庁資料による

地域の防災情報

避難指示

■被害の発生する危険性が非常に高いと判断された状況
■堤防の近くや地域の特性などから被害の発生する危険性が非常に高いと判断された状況
■被害が発生しはじめた状況
●避難中の人は急いで避難。外が危険な場合は、自宅や近くの建物の2階などに避難し、屋内で安全を確保

避難勧告

■被害の発生する可能性が明らかに高まった状況
●通常の避難ができる人は、決められている避難場所などへ避難をはじめる

避難準備情報

■被害の発生する可能性が高まった状況
●高齢者、障害者、乳幼児など、避難に時間がかかる人は避難開始。まわりの人は支援を
●通常の避難ができる人は、気象情報に注意し、家族との連絡や非常用持出品の用意など、避難準備をはじめる

■発令時の状況
●行動の指針

＊内閣府資料による

台風、集中豪雨

■ 事前にそなえる

ここからは、台風と集中豪雨、大雪、竜巻、雷が引き起こす自然災害への対応を説明していきます。まずは、台風・集中豪雨への対応です。台風や集中豪雨がきてからではまにあわない対策があります。ですから、ふだんから、できることは準備しておきましょう。

雨どいのつまりや、側溝のつまりは、定期的に確認し、大雨で水があふれないように、また、つまっていたらまめに掃除をしておきましょう。このほか、塀にひびがあったり、屋根瓦やトタン屋根がずれていたりしたら、強風で壊れる危険があります。早めになおしておきましょう。

また、浸水危険個所や土砂災害の可能性がある場所も、市町村の役場などで手に入るハザードマップを見て事前に確認しておきましょう。

■ 台風に襲われたら

台風が接近したときに重要なのは、できるだけ外に出ないことです。そして、台風が通りすぎるのを、家や安全な建物の中で待ちましょう。台風の場合、大雨もさることながら、強風対策が重要です。家の中にいても、風で飛ばされてきたもので窓ガラスが割れたりする危険があります。一方、台風がくる直前に、ベランダのものを片づけ、雨戸を閉めて接近にそなえましょう。台風の場合は、風が吹きはじめる前に対策

台風・集中豪雨から身を守る

情報の収集

ラジオやテレビなどで、冠水や河川の水位の状態などの情報を集める。

浸水が予想される場合は、止水板やゴミ袋に半分水を入れた簡易水のう（上図）を用意する。

植木鉢など飛ばされそうなものは室内に。室内に入れられないものはロープなどで固定。雨戸を閉め、懐中電灯や非常食を準備。携帯電話も充電しておく。

避難する時の注意

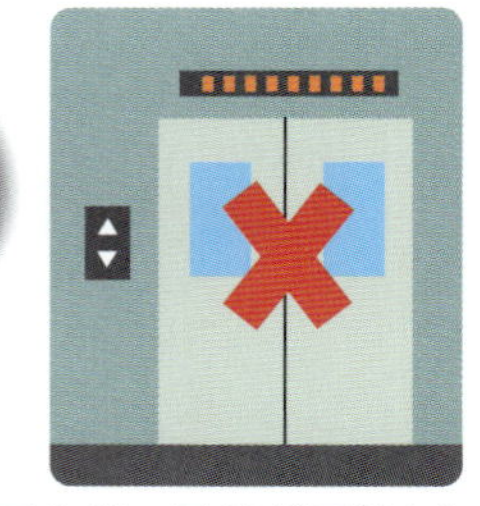

暴風などで電線が切断され停電のおそれがあるので、エレベーターは使わない。

地上から地下に水が流れる危険があるので、避難は地下からより高いところへ。

浸水時の歩ける目安はひざ下まで。それ以上は流される危険があるので高所へ避難。

をすることが重要になります。

居住地域に避難指示や避難勧告が出た場合には、すみやかに避難場所に移動します。避難する時など、どうしても外に出る場合には、雨がっぱを着て、頭を保護するためのヘルメットをかぶりましょう。

■ 集中豪雨に襲われたら

台風と違って、集中豪雨は突然襲ってきます。家にいた場合は、避難指示や避難勧告がないかぎり、そのまま家の中で雨が止むのを待ちます。外出中だった場合は、すみやかに、近くの安全なビルの2階以上に避難しましょう。浸水の可能性があるので、まわりより低い場所にとどまっていてはいけません。

■ 浸水した場合

台風や集中豪雨で浸水が起きた場合、ひざ下まで水がくる前に、安全な避難場所に避難することが大事です。家が流される可能性がなければ、家にとどまることも選択肢のひとつです。

ひざより上に水がくると、水の抵抗でなかなか前に進めず、むだに体力を消耗してしまいます。もし、ひざより上に水がきてしまった場合には、できるだけ高い場所に移動して、119番や地域の災害対策課に救助を要請しましょう。また、浸水で、家や避難場所が孤立してしまう危険がある場合も、救助を要請しましょう。

豪雨時にはがけ地や急斜面、山間部には近づかない。

氾濫の危険があるので河川や用水路などには近づかない。

アンダーパス（立体交差などで掘り下げられている下側の道）などまわりより低くなっている道は通らない。

地下や半地下からは早めに2階などに避難する。冠水すると水圧でドアが開かなくなる。

低い土地では大雨で冠水する危険が大きいので、地域のハザードマップなどでたしかめ、避難など早めに対応する。

冠水している場所はむやみに通らない。マンホールや側溝のふたがはずれていて転落することがある。

ようすを見に出かけて
遭難する人がよくいます。
絶対にやめてね

大雪、竜巻、雷

■ 大雪にみまわれたら

大雪になると、電車やバスなどの公共交通機関が止まったり、道路が通行止めになったりする可能性があります。

大雪の場合も、台風や集中豪雨と同様、外出をひかえることが重要です。また、外出している場合も、大雪が予想される場合は、早めに帰宅しましょう。歩く時は凍ってかたまった雪に足をすべらせないように注意することが重要です。

屋根に積もる雪の重みは1㎡当たり100kgにもなるといいます。雪下ろしをしないと、屋根がつぶれてしまいますが、雪下ろしの時に転落事故が多く起きているので、注意が必要です。

また、雪がやんだ後も、大雪の影響は残ります。歩く時にすべらないように注意するのはもちろんのこと、雪の積もった屋根や、山の斜面には近づかないようにしましょう。

■ 竜巻に襲われたら

近年、たびたび竜巻の被害が起きています。とくに、台風シーズンの9月、10月に多いようです。

竜巻は、車庫やプレハブ建ての小屋などを簡単に空中に巻き上げてしまうこともあります。竜巻が起きたら、頑丈な鉄筋コンクリートのビルや、地下にある施設などに避難してやり過ごしましょう。

竜巻は日本中どこでも
発生しています。
油断は禁物です
なるほど
情報館

さまざまな豪雪被害

大きな被害をもたらした大雪を「豪雪」といいます。雪は降った後もしばらくその場に残るため、長期間にわたってさまざまな被害を引き起こします。道路や線路に積もった大雪は、通行止めなどの交通障害の原因となります。雪の重みで家屋が倒壊したり、電線の上に積もった雪の重みで電線が切れ、停電になったりもします。山などの斜面に積もった雪が滑り落ちる雪崩は、時速100kmを超えることもあり、コンクリートの建物を破壊するともいわれます。

頑丈な建物に避難するか、側溝などのくぼみに入って、両腕で頭と首を守る。

2階にいたら1階へ。雨戸、カーテンを締めて、部屋の中央のテーブルなどの下へ。

室内にいる場合は、2階以上の部屋にいるよりも、1階か地下室にいるほうが安全です。また、飛散した窓ガラスのかけらや、外から飛んできたもので大ケガをすることがあるので、その対策が重要となります。

■ 雷に襲われたら

落雷よる事故は毎年起きています。雷を避ける時にいちばん安全なのは、建物の中や、自動車や電車などの乗り物の中にいることです。雷が鳴っていたら、このような場所に逃げ込めばまず安心です。ただし、下の図にあるように、壁や電化製品から1m以上は離れましょう。また、雷から電化製品を守るために、コンセントは抜いておきましょう。

外にいるときに雷に遭遇してしまった場合はどうすればいいでしょうか。雷は少しでも高いところに落ちる性質があります。まわりのものよりなるべく低い姿勢になって、じっとしていましょう。

よく、高い木の下にいると安全といわれますが、これはまちがいです。木の下や側にいると、木に落ちた雷が飛び移ってくる側撃雷に襲われてしまいます。木からは4m以上離れ、てっぺんを45°以上の確度で見上げられる範囲内にしゃがみ込むようにします（下図）。

また、送電線は避雷針の代わりをしてくれるので、送電線の下は比較的安全です。

索引

鎌田浩毅（かまた ひろき）

1955年生まれ。東京大学理学部卒業。通産省を経て97年より京都大学大学院人間・環境学研究科教授。理学博士。専門は火山学・地球科学。テレビ・ラジオで科学を明快に解説する「科学の伝道師」。京大の講義は毎年数百人を集める人気で教養科目1位の評価。著書に『火山噴火』(岩波新書)、『富士山噴火』(講談社ブルーバックス)、『マグマの地球科学』(中公新書)、『生き抜くための地震学』(ちくま新書)、『西日本大震災に備えよ』(PHP新書)、『地球は火山がつくった』(岩波ジュニア新書)、『地学のツボ』(ちくまプリマー新書)、『火山はすごい』(PHP文庫)、『一生モノの勉強法』(東洋経済新報社)、『一生モノの英語勉強法』(祥伝社新書)。
ホームページ：http://www.gaia.h.kyoto-u.ac.jp/~kamata/

[編集]
株式会社 桂樹社グループ

[編集協力]
大宮耕一・十枝慶二・蒔田和典

[イラスト]
千葉 艦・矢寿ひろお

[本文レイアウト組版・図版制作]
株式会社 桂樹社グループ

[装丁]
鷹家洋子

参考資料

『火山はすごい 日本列島の自然学』鎌田浩毅 PHP新書 2002／『火山噴火 予知と減災を考える』鎌田浩毅 岩波新書 2007／『京大人気講義 生き抜くための地震学』鎌田浩毅 ちくま新書 2013／『地震と火山の日本を生きのびる知恵』鎌田浩毅 メディアファクトリー 2012／『地学のツボ 地球と宇宙の不思議をさぐる』鎌田浩毅 ちくまプリマー新書 2009／『地球科学入門I 次に来る自然災害 地震・噴火・異常気象』鎌田浩毅 PHP新書 2012／『地球は火山がつくった』鎌田浩毅 岩波ジュニア新書 2004／『パーフェクト図解 地震と火山』鎌田浩毅監修 学研パブリッシング 2014／『マグマの地球科学 火山の下で何が起きているか』鎌田浩毅 中公新書 2008／『万物図解シリーズ 図解天気と気象がよくわかる本』岩槻秀明他 笠倉出版社 2014／『日本の地震地図 南海トラフ・首都直下地震対応版』岡田義光 東京書籍 2014／『日本活火山総覧（第4版）』気象庁編 気象業務センター 2013／『日本歴史災害事典』北原糸子編 吉川弘文館 2012／『理科年表』国立天文台編 丸善出版 2015／『火山入門 日本誕生から破局噴火まで』島村英紀 ＮＨＫ出版新書 2015／『火山の事典』下鶴大輔編集 朝倉書店 2008／『小学館NEO 地球』小学館 2007／『地球・生命—138億年の進化』谷合 稔 ソフトバンククリエイティブ 2014／『しくみがよくわかる！天気と気象』NEWTONムック 2014／『激化する自然災害 巨大地震、強大化する台風、地球温暖化』NEWTONムック 2009／『最新図解 特別警報と自然災害がわかる本』饒村曜 オーム社 2015／『地震・プレート・陸と海 地学入門』深尾良夫 岩波ジュニア新書 1985／『異常気象の大研究』三上岳彦監修 PHP研究所 2013
気象庁HP／内閣府HP／国立天文台HP／国立科学博物館HP／伊豆半島ジオパークHP／東京消防庁HP／日本赤十字社HP／東京都防災HP／IVHHN-国際火山災害健康リスク評価ネットワークHP

せまりくる「天災」とどう向きあうか

2015年12月15日　初版第1刷発行　　〈検印省略〉

定価はカバーに
表示しています

監修・著者　鎌 田 浩 毅
発 行 者　杉 田 啓 三
印 刷 者　藤 森 英 夫

発行所 株式会社 ミネルヴァ書房
607-8494 京都市山科区日ノ岡堤谷町1
電話075-581-5191／振替01020-0-8076

印刷・製本　亜細亜印刷株式会社

ISBN978-4-623-07523-2

Printed in Japan